高等学校"十三五"规划教材

电路与电子技术实验教程

王忠友　田凤霞　主编

U0316663

中国铁道出版社有限公司
CHINA RAILWAY PUBLISHING HOUSE CO., LTD.

内 容 简 介

本书分上下两篇,共 8 章。上篇分 4 章,主要从实物图和 Proteus 软件使用两个角度介绍常见的基本电子元器件和基本测量仪器,并对实验数据记录、处理的要求和知识、仿真软件 Proteus 的使用方法、Quartus Ⅱ软件的使用方法做了适当介绍;下篇分 4 章,涉及 39 个实验,从电路基础实验、模拟电子技术基础实验、数字电子技术基础实验、综合性设计实验等方面全面介绍电路与电子技术基础中涉及的电路基本定理、定律和电子技术知识。

本书是"电路与电子技术"课程的实践用书,也可作为"电路理论"、"模拟电子技术"和"数字逻辑"等课程配套的实验教材。本书内容全面,方法新颖,所涉及实验以基础为主,难度逐渐提高。所有实验均可在 Proteus 仿真软件上仿真实现;实验采用开放式设计,鼓励学生自己动手改进实验。

本书适合作为高等学校计算机类专业、电子信息类专业的实验指导书,也可供电子爱好者、创客及电子工程技术人员参考。

图书在版编目(CIP)数据

电路与电子技术实验教程/王忠友,田凤霞主编.
北京:中国铁道出版社有限公司,2019.9(2024.1 重印)
高等学校"十三五"规划教材
ISBN 978 - 7 - 113 - 26184 - 9

Ⅰ.①电… Ⅱ.①王… ②田… Ⅲ.①电路-实验-高等学校-教材②电子技术-实验-高等学校-教材
Ⅳ.①TM13 - 33②TN - 33

中国版本图书馆 CIP 数据核字(2019)第 191881 号

书　　名:**电路与电子技术实验教程**
作　　者:王忠友　田凤霞

策　　划:徐海英	编辑部电话:(010) 51873135	

责任编辑:翟玉峰　绳　超
封面设计:付　巍
封面制作:刘　颖
责任校对:张玉华
责任印制:樊启鹏

出版发行:中国铁道出版社有限公司 (100054,北京市西城区右安门西街 8 号)
网　　址:http://www.tdpress.com/51eds/
印　　刷:北京铭成印刷有限公司
版　　次:2019 年 9 月第 1 版　2024 年 1 月第 3 次印刷
开　　本:787 mm×1 092 mm　1/16　印张:13　字数:306 千
书　　号:ISBN 978 - 7 - 113 - 26184 - 9
定　　价:38.00 元

Preface
前　言

为了适应电子信息科学技术迅猛发展的需要,以及新的课程体系和教学内容改革的需要,我们根据教学体系中对学生实践能力提高的基本要求,总结了多年在电路、模拟电子、数字逻辑电路等实践教学中积累的丰富经验,并结合现代直观的仿真技术手段,编写了本书。

鉴于近几年就业形势严峻,各高校都对专业基础课进行了学时压缩,实践课更是减少了不少,加上教学时间安排也普遍提前到大二甚至大一,从而使专业基础课部分内容在无前期知识准备情况下就开展学习,课程内容衔接不上,给学生学习增加了难度。而且,还需要学生在较短的时间内掌握,因此需要简单易学、可增加学生学习兴趣的指导书。为此,本书编写思路是保证基础知识训练、注重知识应用,通过易学且仿真直观的技术软件——Proteus 仿真软件,降低学生学习困难,提高学生学习兴趣。

本书分上下两篇,上篇从电子技术基础实验需求出发,分 4 章从实物图和 Proteus 软件使用两个角度介绍常见基本电子元器件和基本测量仪器。基本电子元器件包括电阻、电容、电感、半导体器件、按键开关等;基本测量仪器包括通用信号发生器、任意函数信号发生器、示波器、电流表、电压表、频率表、频率特性仪等。另对实验数据记录、处理的要求和知识做了介绍。最后主要介绍了仿真软件 Proteus 的使用方法,并对数字逻辑电路实验中使用到的 Quartus Ⅱ软件的使用方法也做了适当介绍。

下篇从电路基础实验、模拟电子技术基础实验、数字电子技术基础实验、综合性设计实验等方面全面介绍电路与电子技术基础中涉及的电路基本定理、定律和电子技术知识。本篇共有 4 章内容,包括 39 个实验。

电路基础实验部分共有 12 个实验。将器件伏安特性、电压源、电流源、基尔霍夫定律、叠加定理、戴维南定理、诺顿定理、受控源、一阶和二阶暂态规律、正弦交流规律、串并联谐振规律等基本概念、定理和定律用仿真实验和实测实验方式进行展示与验证。

模拟电子技术基础实验部分共有 10 个实验。主要从电子器件在模拟技术上的基础应用出发,介绍上篇中涉及的器件在放大电路、有源滤波电路、振荡电路、电压比较电路、稳压电源电路的典型应用电路的实验仿真和实测过程,以引导学生通过实验掌握这些电路的规律和特点。

数字电子技术基础实验部分共有 11 个实验。通过实验验证组合逻辑电路中涉及的基本逻辑门、译码器、编码器、数据选择器、数据分配器、全加器等,时序逻辑电路中的触发器、计数器、移位寄存器等的实现过程,使用 Proteus 软件仿真时,逻辑现象直观、简单、易懂。另通过 555 定时器实验增加对时序时钟的理解。

综合性设计实验部分共有 6 个实验。前 5 个实验主要应用模拟电子技术知识进行综合设计,最后一个实验主要应用数字电子技术知识进行综合设计。

书中部分电路图为 Proteus 软件仿真图,其元器件图形符号与国家标准符号不一致,二者对照关系参见附录 A。

本书是"电路与电子技术"课程的实践用书,适合作为计算机类专业、电子信息类专业的实验指导书。

本书由王忠友、田凤霞任主编。其中,第 1~2 章、第 4~6 章由王忠友编写,第 3 章、第 7 章、第 8 章由田凤霞编写。本书中带有" * "的实验为难度较大的实验,供选作。

在本书编写过程中,得到了湖北科技学院教师和广州风标电子公司叶建聪经理的帮助,且有部分来自网上资料,在此向相关人员及网上资料的作者表示衷心感谢!

由于编者水平有限且编写时间仓促,书中难免存在疏漏和不妥之处,恳请读者提出宝贵意见和建议,以便今后不断改进。

编　者

2019 年 5 月

目　录

下篇　实验项目

上 篇

实 验 工 具

本篇将从电子技术基础实验需求出发,从实物图和 Proteus 软件两个角度介绍常见基本电子元器件和基本测量仪器。基本电子元器件包括电阻、电容、电感、半导体器件、按键开关等;基本测量仪器包括通用信号发生器、任意函数信号发生器、示波器、电流表、电压表、频率表、频率特性仪等。

第 1 章

基本电子元器件 <<<

电子线路以各种元器件为基础构成,为此本章将从实际市场使用的元器件和 Proteus 仿真软件上对应的元器件方面对常见的基本电子元器件进行较详细的介绍。

1.1 电　　阻

电阻元件(简称"电阻")是电子电路中最常见的基本元器件之一,在电路中的作用是提供半导体偏置、作为负载或进行分压等,电阻元件种类很多,有固定式电阻、可调式电阻、传感类电阻等。电阻元件通常通过阻值、功率和误差值三个参数指标反映其电气性能,其安装方式通常根据其封装形式确定。下面结合实际元器件和 Proteus 软件中的元器件进行介绍(Proteus 软件使用见第 4 章)。

1.1.1　固定电阻

市场上固定电阻一般有绕线、金属膜、碳膜、水泥电阻等几种,封装形式有贴片、直插等(见图 1.1.1)。在 Proteus 软件中,单击界面中的 🅿 按钮后在 Category 中选择 Resistors,其中 Generic 为电阻通用形式,其他为各种电阻,如图 1.1.2 所示。在进行仿真实验时,通常选用 Generic 作为固定电阻即可。其图形符号通常如图 1.1.2 右上角所示,常用字母 R 表示。

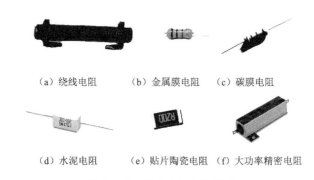

(a) 绕线电阻　　(b) 金属膜电阻　　(c) 碳膜电阻

(d) 水泥电阻　　(e) 贴片陶瓷电阻　　(f) 大功率精密电阻

图 1.1.1　固定电阻实物图片

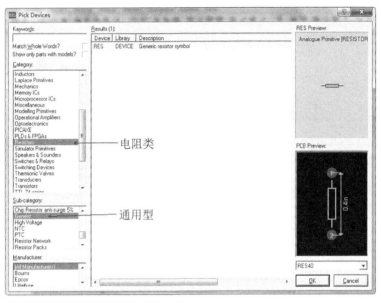

图 1.1.2　Proteus 软件中电阻类选择界面

　　市场上还有一种组合式固定电阻,也有的称为"网络电阻""排阻"等(见图 1.1.3)。在 Proteus软件中也有对应的仿真器件(Resistor Packs、Resistor Network),如图 1.1.4 所示。

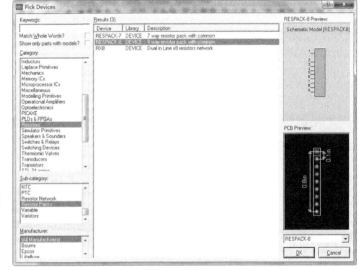

(a) 网络电阻

(b) 排阻

(c) 贴片排阻

图 1.1.3　排阻、网络电阻　　　　　图 1.1.4　Proteus 软件中的排阻、网络电阻

1.1.2　可调电阻

　　可调电阻有微可调电位器、连续可调式电位器、数码可调电阻等(见图 1.1.5)。一般在通电电路中需要调整电路阻值时使用。在 Proteus 软件中,通过 Resistors 的 Variable 中查找。在

实验仿真中,常用 POT – HG 进行可调电阻仿真(见图 1.1.6),其图形符号如图 1.1.6 右上角所示。

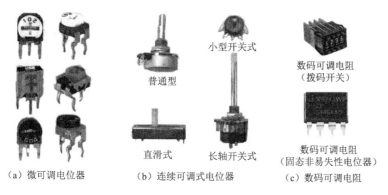

（a）微可调电位器　　　（b）连续可调式电位器　　（c）数码可调电阻

图 1.1.5　微可调电阻、连续可调式电位器、数码可调电阻实物

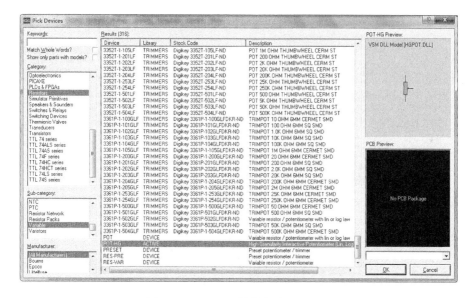

图 1.1.6　Proteus 软件中的可调电阻

1.1.3　传感类电阻

作传感器使用的电阻器件有光敏电阻、热敏电阻、湿敏电阻、力敏电阻等(见图 1.1.7)。

在 Proteus 软件中,与上述传感类电阻对应的仿真模型如图 1.1.8 所示。通过单击 P 按钮,在 Category 中选择 Transducers(传感器),查找 Light Dependent Resistor(LDR)(光敏);单击 P 按钮,在 Category 中选择 Resistors(电阻),查找 NTC(热敏)、Varistors(压敏)、High Voltage(高压电阻)等。

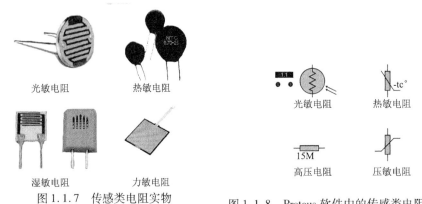

图 1.1.7 传感类电阻实物

图 1.1.8 Proteus 软件中的传感类电阻仿真模型

1.2 电 容

电容元件(简称"电容")也是电子线路中常见的元器件之一,是一种电储能元器件,常用于滤波、选频等。电容可分为固定电容、微调电容和可调电容等,也可根据极间介质分为电解电容、云母电容、瓷介质电容、纸介质电容等(见图 1.2.1)。以上元器件均可在 Proteus 软件中单击 P 按钮,在 Category 中选择 Capacitor 查找。其图形符号通常为图 1.2.2 右下角所示,常用字母 C 表示。

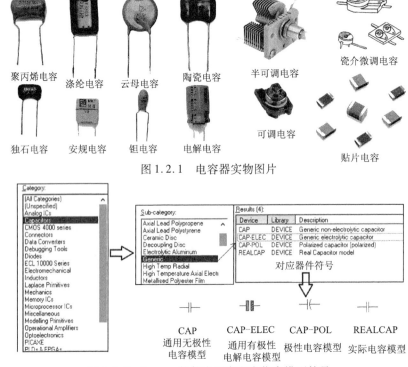

图 1.2.1 电容器实物图片

图 1.2.2 Proteus 软件中固定电容仿真模型符号

1.2.1 固定电容

固定电容封装形式有直插式和贴片式,如图 1.2.1 所示。在 Proteus 软件中,单击 P 按钮,在 Category 中选择 Capacitors,可查找到大量的固定电容仿真元器件,一般在 Generic 中选择有极性和无极性电容,即 CAP(通用无极性电容模型)、CAP-ELEC(通用有极性电解电容模型)、CAP-POL(极化电容)和 REALCAP(实际电容器模型),如图 1.2.2 所示。简单的电路仿真实验时常用前两种模型。

1.2.2 微调电容和可调电容

微调电容与可调电容是指在工作电路中可改变容量值的电容元件,特别适合于谐振电路进行频率匹配或需进行频率调整时使用。在 Proteus 软件中,单击 P 按钮,在 Category 中选择 Capacitors 再选择 Variable。(注:此处可看到两种可调电容,即 CAP-PRE 和 CAP-VAR,但均在软件界面右上角显示 No Simulator Model,表明这两种器件均无仿真模型。)

1.3 电 感

电感元件(简称"电感")是基本电子元器件之一,它是一种磁储能器件,用于滤波、选频、振荡等电路中。该类器件市场一般是固定式。也有可调式,因其空间体积不易缩小,一般可调式数量少。该器件就其磁场传递形式分为空气芯、铁芯、磁芯、铁氧体芯和其他芯结构形式(见图 1.3.1)。在电子电路中大部分以空气芯、铁芯、磁芯等固定电感或变压器形式出现。在 Proteus 软件中,单击 P 按钮,在 Category 中选择 Inductors→Generic 命令,可查找到无确定值的一般固定电感;在 Proteus 软件中,单击 P 按钮,在 Category 中选择 Inductors→Transformers 命令,可查找到多种变压器形式(见图 1.3.1)。其图形符号通常为图 1.3.1(c)所示,常用字母 L 表示。

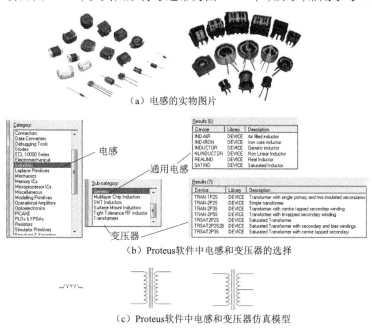

(a)电感的实物图片

(b)Proteus软件中电感和变压器的选择

(c)Proteus软件中电感和变压器仿真模型

图 1.3.1 电感实物图片和 Proteus 选择

1.4　半导体器件

半导体器件是指采用硅、锗等材料通过光刻工艺制作而成的器件,包括二极管、三极管、场效应管、晶闸管、集成电路等。

1.4.1　二极管

在半导体器件中,二极管是最简单而且形式又多的一种半导体器件。其内部结构只含一个PN结。形式上则有整流管、检测管、发光管、稳压管、开关管、变容管等。还有以其他器件形式出现的,比如数码管、点阵、整流硅堆等(见图1.4.1)。

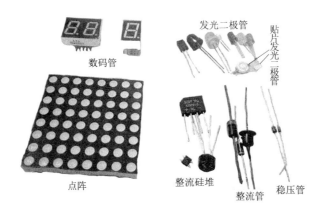

图 1.4.1　二极管实物

在 Proteus 软件中则更加丰富,单击 P 按钮,在 Category 中选择 Diodes,即可见到 Bridge Rectifiers(整流桥)、Generic(通用管)、Rectifiers(整流管)、Schottky(肖特基管)、Switching(开关管)、Transient Suppressors(瞬态抑制管)、Tunnel(隧道管)、Varicap(可变容管)、Zener(稳压/齐纳管)等,再选择其中器件(注:右上角有"No Simulator Model"字样的无仿真模型,不可参与仿真实验);发光二极管和二极管的其他形式可在 Category 中选择 Optoelectronics 即可见到 14-Segment Displays(14 段数码管)、16-Segment Displays(16 段数码管)、7-Segment Displays(7 段数码管)、Bargraph Displays(柱状显示器)、Dot Matrix Displays(点阵显示器)、LEDs(发光二极管)和 Optocouplers(光耦合器)等,如图1.4.2所示。

1. 一般二极管

在 Proteus 软件中,根据其单向导电特性常用作整流,其仿真模型符号如图1.4.3(a)所示。

2. 稳压二极管

稳压二极管常用作稳压。在 Proteus 软件中,有许多种稳压值的器件。其仿真模型符号如图1.4.3(b)所示。

3. 发光二极管和数码管

发光二极管在电路中一般作为信号指示,其正向压降(常超过 1 V)比常规的二极管正向压降(硅管为0.7 V,锗管为0.3 V)高。在 Proteus 软件中用 LED 表示的有红、绿、蓝、黄、双色等多种仿真颜色(见图1.4.4)。其仿真模型符号如图1.4.3(c)所示。

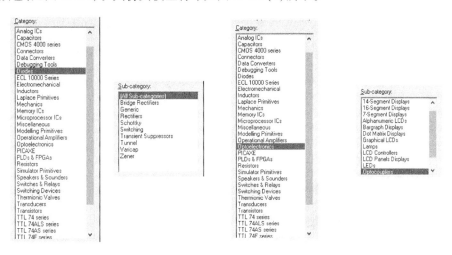

图1.4.2　Proteus 软件上的多种二极管形式

图1.4.3　仿真模型符号

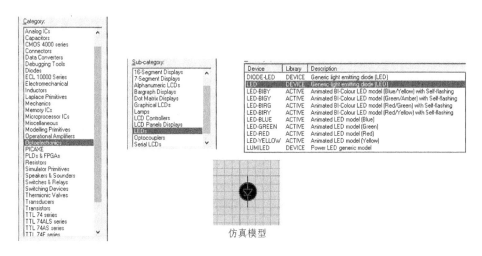

图1.4.4　LED 选择与仿真模型

数码管是一种多个发光二极管按一定规则排列组成的器件,有不含小数点和含小数点的,有单个的和多个组合的,还有组成点阵方式的。其仿真模型符号见图1.4.5。

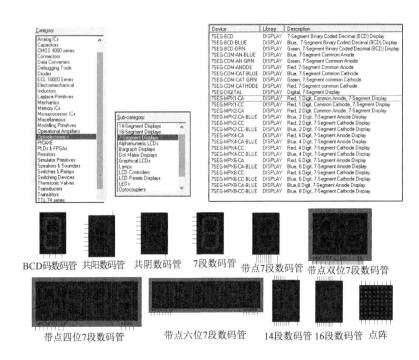

图 1.4.5　数码管仿真模型符号

其结构形式如图 1.4.6 所示。

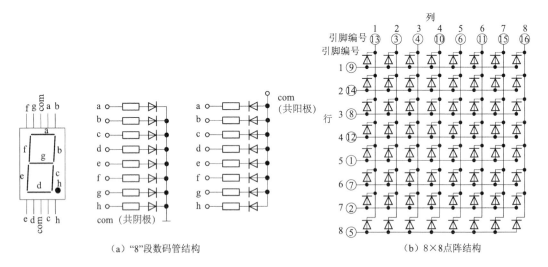

（a）"8"段数码管结构　　　　　　　　　　（b）8×8点阵结构

图 1.4.6　数码管结构形式

4.特殊二极管——变容二极管

该器件是利用二极管的 PN 结结电容在不同电压作用下发生改变特性而制成的器件。常用于调谐电路中进行频率调整之用。在 Proteus 软件中,其仿真模型符号如图 1.4.3(d)所示。

1.4.2　三极管

三极管是晶体管的一种，是一种通过电流或电压控制可放大信号的器件，有 NPN 和 PNP 两种基本形式。另有 NPN 与 PNP 交叉连接的复合管形式，还有一种大功率三极管。为保护三极管的发射极(e)、集电极(c)，在 e、c 之间并联阻尼二极管，如图 1.4.7 所示。

在 Proteus 软件中，单击[P]按钮，在 Category 中选择 Transistors→Generic 命令，其中的 NPN 和 PNP 即为三极管仿真模型。也可选择 Transistors→Bipolar 命令，选择更多的器件模型。模型符号如图 1.4.7 所示。

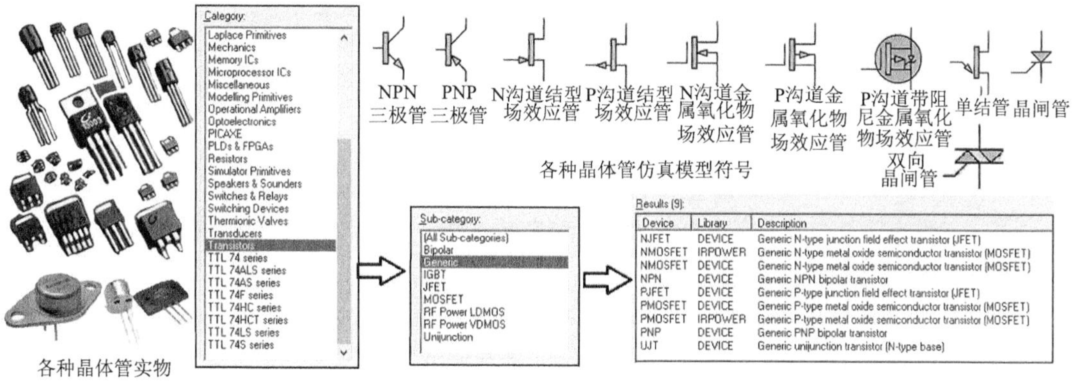

Proteus软件中晶体管选择过程

图 1.4.7　晶体管实物、符号及仿真模型选择

1.4.3　场效应管

场效应管也是晶体管的一种，也是一种通过电场控制来进行信号放大的器件。有 N 沟道或 P 沟道的结型场效应管(JFET)、金属氧化物场效应管(MOS)等，其实物外形与三极管类似。

在 Proteus 软件中，单击[P]按钮，在 Category 中选择 Transistors→Generic 命令，其中的 NJFET、PJFET、NMOSFET、PMOSFET 均为场效应管仿真模型。也可选择 Transistors 后，选择 JFET、MOSFET、RF Power LDMOS、RF Power VDMOS 和 IGBT 等更多的器件模型。仿真模型符号如图 1.4.7 所示。

1.4.4　晶闸管

晶闸管是一种具有三个 PN 结的四层结构的大功率半导体器件。它的功用不仅是整流，还可以用作无触点开关以快速接通或切断电路，实现将直流电变成交流电的逆变，将一种频率的交流电变成另一种频率的交流电等。晶闸管和其他半导体器件一样，具有体积小、效率高、稳定性好、工作可靠等优点。它的出现，使半导体技术从弱电领域进入了强电领域，成为工业、农业、交通运输、军事科研以至商业、民用电器等方面争相采用的元件。

晶闸管有单向和双向两种形式。单向晶闸管是通过对晶闸管的栅极 G 与阴极 K 之间给予控制信号，使阳极 A 和阴极 K 之间接通，从而使整个电路单向导通；双向晶闸管则可双向导通。其仿真模型符号如图 1.4.8 右上角所示。

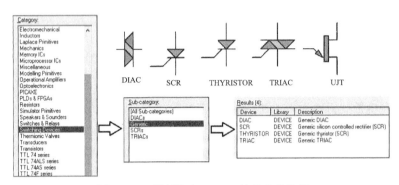

图 1.4.8　晶闸管在 Proteus 软件中的选择

在 Proteus 软件中,通过单击 $\boxed{P}$ 按钮,在 Category 中选择 Switching Devices→Generic 命令,可见 DIAC(双向触发二极管)、SCR(晶闸管)、TRIAC(三端双向晶闸管)等,如图 1.4.8 所示。

1.4.5　数字逻辑电路

数字逻辑电路是一种工作在数字信号下的电子电路。市场上数字逻辑电路常见有 74 系列和 CMOS 4000 系列两种,如图 1.4.9 所示。

在 Proteus 软件中,单击 $\boxed{P}$ 按钮,在 Category 中选择 TTL 74 series 或 TTL 74ALS series 或 TTL 74AS series 或 TTL 74F series 或 TTL 74HC series 或 TTL 74HCT series 或 TTL 74LS series 或 TTL 74S series 或 CMOS 4000 series 后,有 Gates & Inverters(逻辑门或反相器)、Encoders(编码器)、Decoders(译码器)、Flip-Flops & Latches(触发器或锁存器)、Adders(加法器)、Counters(计数器)、Comparators(比较器)、Multiplexers(多路选择器)、Registers(寄存器)等器件组可供选择,如图 1.4.9 所示。

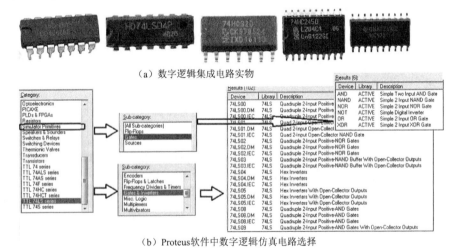

(a)数字逻辑集成电路实物

(b)Proteus软件中数字逻辑仿真电路选择

图 1.4.9　数字逻辑集成电路实物及仿真模型选择

在 Proteus 软件中,还可通过单击 $\boxed{P}$ 按钮,在 Category 中选择 Simulator Primitives 命令,可选 Gates(逻辑门)、Flip-Flops(触发器)等来选择相应基本逻辑门和触发器仿真模型符号,如图 1.4.10所示。

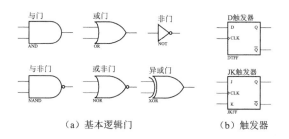

（a）基本逻辑门　　　　　　（b）触发器

图 1.4.10　基本逻辑门和触发器仿真模型符号

1.4.6　运算放大电路

集成运算放大器（简称"运放"）是集对称的差分放大电路、电压放大电路和功率放大电路于一体的放大电路，具有很高的差模放大倍数、很高的共模抑制比，是一种比较理想的放大器，常用于小信号甚至微信号放大。在 Proteus 软件中，单击 P 按钮，在 Category 中选择 Operational Amplifiers 命令，有 Ideal（理想运放）、Single（单运放）、Dual（双运放）、Triple（三运放）、Quad（四运放）、Octal（八运放）、Macromodel（多运放）等供选择，且每种选择中有若干种运放器件可用。仿真时一般用理想运放即可，如图 1.4.11 所示。

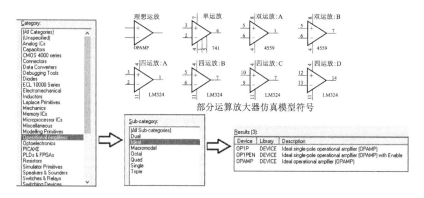

Proteus软件中运算放大器模型的选择

图 1.4.11　运算放大器仿真器件

1.5　按　键　开　关

按键开关是连接电路不可或缺的器件，有单刀单掷开关、单刀双掷开关、转换开关、拨码开关等。

在 Proteus 软件中，通过单击 P 按钮，在 Category 中选择 Switches & Relays→Switches 命令即可找到多种按键开关和跳线等仿真模型符号，如图 1.5.1 所示。

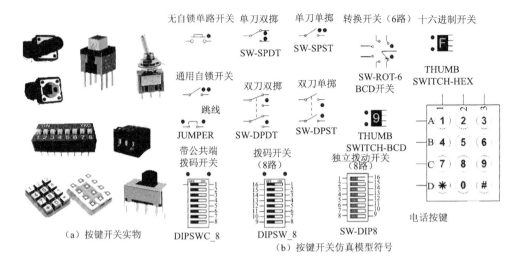

图 1.5.1　按键开关实物和仿真模型符号

1.6　其他器件

除上述介绍的常见器件外,还有一些常用于电子线路实验中的器件,如继电器、喇叭、电源器件、晶振、电动机(俗称"马达")等。

1.6.1　继电器

继电器为电磁控制器件,是一种可通过小信号控制大器件工作的装置。继电器控制端为一组线圈,通电后可产生磁场,被控制端有常开、常闭触点,用来控制其他器件或设备,如图 1.6.1 所示。

在 Proteus 软件中,通过单击 P 按钮,在 Category 中选择 Switches & Relays→Relays[Generic](普通继电器)或 Relays[Specific](专用继电器)命令即可找到。

1.6.2　电源器件

电源器件分为直流电源器件、交流电源器件。直流电源器件符号为 DC,如电池;在 Proteus 软件中,通过单击 P 按钮,在 Category 中选择 Miscellaneous 命令可找到 CELL(单电池)和 BATTERY(多电池直流电源)两种;交流电源分为单相和三相两种形式,通常在实际中是交流发电设备提供,其符号为 AC。在 Proteus 软件中,通过单击 P 按钮,选择 Simulator Primitive→Sources 命令,会有 BATTERY 和 VSOURCE(直流电压源)、CSOURCE(直流电流源)、ALTERNATOR(交流电压源)、VSINE(正弦波交流电压源)、ISINE(正弦波交流电流源)和 V3PHASE(三相交流电源)等仿真电源,以及可作信号使用的时钟源(DCLOCK)、脉冲源(PULSE)等,如图 1.6.1 所示。

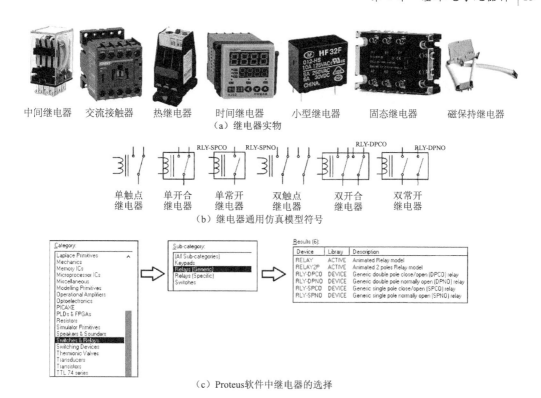

（a）继电器实物

（b）继电器通用仿真模型符号

（c）Proteus软件中继电器的选择

图 1.6.1　继电器实物、仿真模型符号和 Proteus 软件中的选择

除以上外，Proteus 还提供了多种受控电源，如电压控制电压源（VCVS）、电压控制电流源（VCCS）、电流控制电压源（CCVS）、电流控制电流源（CCCS）等仿真受控源，如图 1.6.2 所示。通过单击 P 按钮，选择 Category→Modelling Primitive→analog（SPICE）命令即可见。

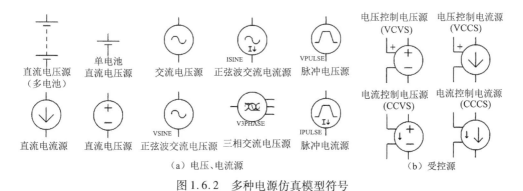

（a）电压、电流源

（b）受控源

图 1.6.2　多种电源仿真模型符号

1.6.3　发声器件

发声器件常见的有扬声器和蜂鸣器两种基本形式，其实物、仿真模型符号如图 1.6.3（a）、（b）所示，在 Proteus 软件中通过单击 P 按钮，选择 Category→Speakers & Sounders→BUZZER 或 SOUNDER 或 SPEAKER 命令即可找到，如图 1.6.3（c）所示。

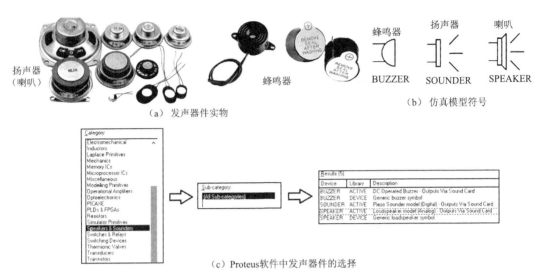

（a）发声器件实物

蜂鸣器　　　扬声器　　　喇叭

BUZZER　　SOUNDER　　SPEAKER

（b）仿真模型符号

（c）Proteus软件中发声器件的选择

图 1.6.3　发声器件实物、仿真模型和 Proteus 软件中的选择

1.6.4　晶振

石英晶体振荡器（简称"晶振"）是利用石英晶体（SiO_2 的结晶体）的压电效应制成的一种谐振器件，它是在 SiO_2 材料上通过某种特殊切割工艺制作而成的，其等效电路如图 1.6.4（c）所示。在电路中一般可作振荡电路中振荡晶体使用，亦可作超声波滤波器使用。在 Proteus 软件中作振荡晶体使用，通过单击 按钮，选择 Miscellaneous→CRYSTAL 命令即可找到，如图 1.6.4（d）所示。

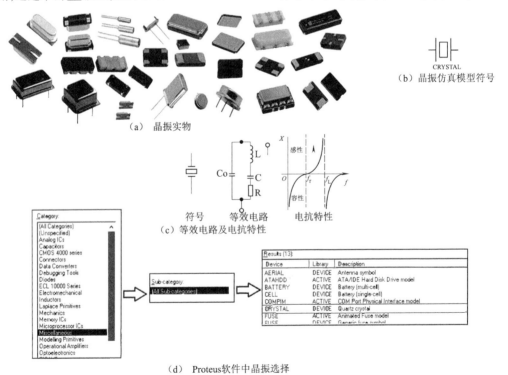

CRYSTAL

（b）晶振仿真模型符号

（a）　晶振实物

符号　　　等效电路　　　电抗特性

（c）等效电路及电抗特性

（d）　Proteus软件中晶振选择

图 1.6.4　发声器件实物、仿真模型和 Proteus 软件中的选择

1.6.5　电动机

电动机是把电能转换成机械能的一种设备。电动机按使用电源的不同,分为直流电动机和交流电动机。电动机主要由定子与转子组成,通电导线在磁场中受力运动的方向与电流方向和磁感线方向(磁场方向)有关。电动机工作原理是磁场对电流受力的作用,使电动机转动。在 Proteus 软件中,通过单击 ⊡ 按钮,在 Category 中选择 Electromechanical 或 Mechanics 命令,即可找到多种直流电动机、步进电动机、脉宽调制伺服电动机等,如图 1.6.5 所示。

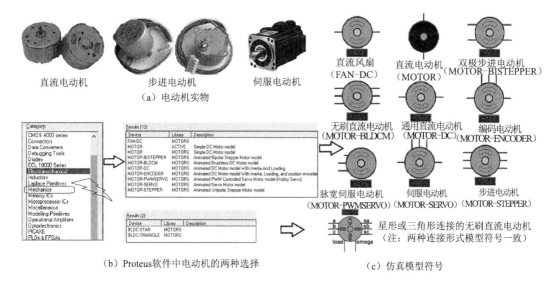

图 1.6.5　电动机实物、仿真模型符号和 Proteus 软件中的选择

1.7　实验用面包板

面包板是专为电子电路的无焊接实验设计制造的,板子上有很多小插孔。由于各种电子元器件可根据需要随意插入或拔出,免去了焊接,节省了电路的组装时间,而且元件可以重复使用,所以非常适合电子电路的组装、调试和训练。

结构形式:整板使用热固性酚醛树脂制造,板底有金属条,在板上对应位置打孔使得元件插入孔中时能够与金属条接触,从而达到导电目的。一般将每五个孔板用一条金属条连接。板子中央一般有一条凹槽,这是针对需要集成电路、芯片试验而设计的。板子两侧有两排竖着的插孔,也是五个一组。这两组插孔是用于给板子上的元件提供电源的。使用方法:不用焊接,手动接线,将元件插入孔中,将要连接在一起的引脚插入同一组的五个小孔中,插孔不够用时,可用硬质小金属线连接其他插孔扩展,这样就可测试电路及元件,使用非常方便。

实验用面包板示意图如图 1.7.1 所示。

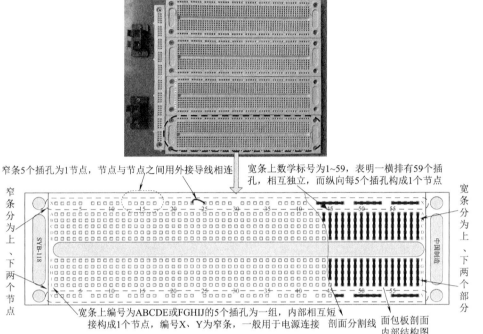

窄条5个插孔为1节点，节点与节点之间用外接导线相连

宽条上数学标号为1~59，表明一横排有59个插孔，相互独立，而纵向每5个插孔构成1个节点

窄条分为上、下两个节点

宽条分为上、下两个部分

宽条上编号为ABCDE或FGHIJ的5个插孔为一组，内部相互短接构成1个节点，编号X、Y为窄条，一般用于电源连接　剖面分割线　面包板剖面内部结构图

图 1.7.1　实验用面包板示意图

第 2 章

常用电子仪器 ‹‹‹

本章重点结合市场上常见电子仪器及 Proteus 仿真软件上对应的仿真虚拟仪器及工具进行针对性介绍。

2.1　电压表与电流表

电压表是测量电压的一种仪器。由永磁体、线圈等构成。电压表是个相当大的电阻元件,理想的认为是断路,市场上一般有伏特表、毫伏表等。电流表是根据通电导体在磁场中受磁场力的作用而制成的,市场上一般有安培表、毫安表、微安表等,如图 2.1.1 所示。

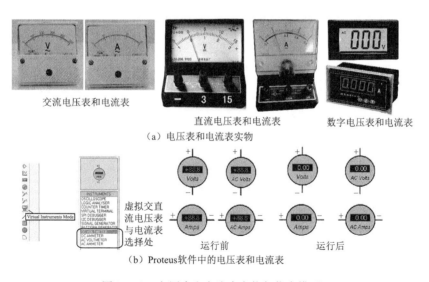

交流电压表和电流表

直流电压表和电流表　　数字电压表和电流表

（a）电压表和电流表实物

虚拟交直流电压表与电流表选择处

运行前　　　　运行后

（b）Proteus软件中的电压表和电流表

图 2.1.1　电压表和电流表实物与仿真模型

在 Proteus 软件中,单击 按钮,出现图 2.1.1(b)所示界面,其中 DC VOLTMETER 和 AC VOLTMETER 为直交流电压表、DC AMMETER 和 AC AMMETER 为直交流电流表。通过改变其属性,可设置为 V(或 A)、mV(或 mA)、μV(或 μA)等(见图 2.1.2)。在使用时注意,电压表需并联在电路被测部分,电流表则需串联在被测电路中。

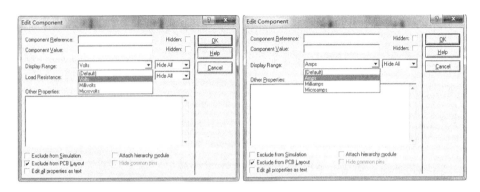

（a）虚拟电压表属性设置　　　　　　　（b）虚拟电流表属性设置

图 2.1.2　虚拟电压表和虚拟电流表属性设置

2.2　万　用　表

万用表是一种集检测交直流电压、电流、电阻等电参数于一身的检测设备,有指针式和数字式两种。市场上现有的万用表一般为数字式。数字万用表有一般通用型、钳式交流型、台式精密型等,现有万用表除拥有电压、电流、电阻等三种基本电参数检测外,还可测器件电容值、晶体管 h_{fe} 参数等,其实物如图 2.2.1 所示。Proteus 软件中未设有该设备的仿真仪器模型。

　　指针式万用表　　　　　数字万用表　　　　钳式交流万用表　　　　台式精密万用表

图 2.2.1　万用表实物

2.3　信号发生器

信号发生器一般用于产生正弦波、三角波、方波等三种基本信号形式,每种信号均可通过对应控制旋钮或按键改变其输出频率或幅度。通用信号发生器实物如图 2.3.1(a)所示。

在 Proteus 软件中,通过单击 按钮,在出现的图中选择 SIGNAL GENERATOR 放入电路图中,如图 2.3.1(b)所示,运行后,其上可调整频率(粗调、细调)、波形和幅度等。

此外,在 Proteus 软件中,还可通过单击 按钮,在 Category 选择 Simulator Primitive 后再在子类别(Sub-category)中选择 Sources 命令,可获得以下信号:

CLOCK(时钟信号)、VSINE(正弦波电压信号)、ISINE(正弦波电流信号)、VPUSE(电压脉冲信号)、IPUSE(电流脉冲信号)、VFFM(调频波电压信号)、IFFM(调频波电流信号)等。具体使用方法见第 4 章相关内容。

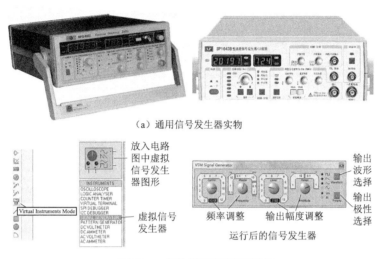

（a）通用信号发生器实物

（b）Proteus软件中的虚拟信号发生器

图 2.3.1　通用信号发生器实物和虚拟信号发生器

2.4　模式发生器

模式发生器是一种可通过黑白网络编辑产生逻辑信号的发生器,输出形式有并行输出(即 Q0～Q7)和串行输出(即 B[0..7])如图 2.4.1 所示。国内市场,模式发生器通常为电视信号发生器,单一针对数字图案的信号发生器未能见到,常用的是函数信号发生器。

在 Proteus 软件中,通过单击 按钮,在出现的图中选择 PATTERN GENERATOR 即可。

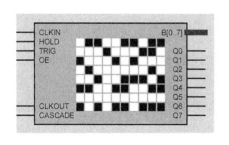

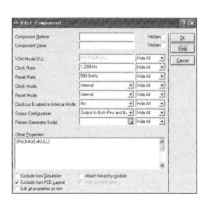

图 2.4.1　模式发生器及属性设置

2.5　数字示波器

数字示波器是用来展示电路中信号实时变化情况的仪器。市场上常见的有双踪数字示波器、四踪数字示波器等,如图2.5.1(a)所示。在使用数字示波器检测外来输入信号时,分X轴(即时间轴或扫描频率)调整、Y轴(即幅度轴和光标位置)调整。双踪数字示波器屏上将最多同时显示两条信号波形,四踪数字示波器则最多可同时显示四条信号波形。初始查找信号时,可利用示波器上的Auto RUN按键实现。

在Proteus软件中,通过单击 按钮,在出现的图中选择OSCILLOSCOPE即可调用四踪数字示波器。可通过虚拟示波器上虚拟控制按钮设置单踪、双踪、三踪和四踪等。运行后便可显示出相应波形,X轴调节处可调节扫描时间和横向波形位置,Y轴(即有四个控制处)调节处可控制显示波形幅度和波形位置。四个通道分别用黄、蓝、红、绿四种颜色加以区分,如图2.5.1(b)所示。具体使用方法见第4章相关内容。

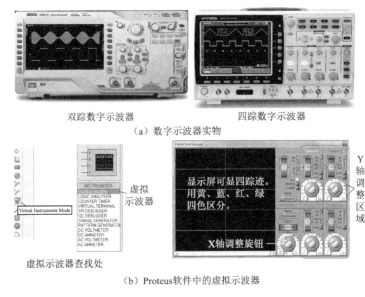

双踪数字示波器　　　　　　四踪数字示波器

(a)数字示波器实物

虚拟示波器查找处

(b)Proteus软件中的虚拟示波器

图2.5.1　数字示波器实物和虚拟示波器

2.6　频率计数计时仪

频率计数计时仪是一种在线测试线路中的信号频率或对线路进行数值脉冲计数的仪器。市场上常见频率计数计时仪如图2.6.1所示。在Proteus软件中,通过单击 按钮,在出现的图中选择COUNTER TIMER即可调用频率计数计时仪。该虚拟仪器可通过设置其属性作为频率计或作为计数器或作为计时器等使用。

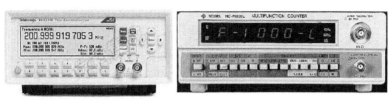

（a）频率计数计时仪实物

（b）Proteus软件中频率计数计时仪仿真模型

图 2.6.1　频率计数计时仪器实物和仿真模型

2.7　频率特性测试仪

　　频率特性测试仪俗称"扫频仪"，用于测量电路（网络）的频率特性，如测量放大器、滤波器、高频调谐器、天线等的频率特性，是实验室常用的电子测量仪器之一。

　　扫频仪对上述电路（网络）测量时，首先产生一种频率随时间线性变化的稳幅信号，该信号经被测电路（网络）后再回送到扫频仪幅度信号输入端。在扫频仪的显示屏中，把扫频仪自身产生的扫频信号作为横轴（X 轴），把经电路（网络）输出后再回送到扫频仪的信号作为纵轴（Y），则显示屏上描绘的波形即为频率特性曲线波形图。

　　在 Proteus 软件中，扫频仪不是以虚拟仪器形式出现的，是通过单击 🗠 按钮，在出现的GRAPHS 选择框中选择 FREQUENCY 来绘制特性曲线的。该特性曲线还需要激励信号才能正确绘制，如图 2.7.1 所示。具体使用方法见第 4 章相关内容。

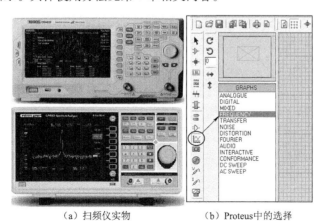

（a）扫频仪实物　　　　　　（b）Proteus中的选择

图 2.7.1　扫频仪实物和 Proteus 中的选择

2.8 逻辑分析仪

逻辑分析仪是分析数字系统逻辑关系的仪器。它属于数据领域测试仪器中的一种总线分析仪,可同时对总线上多条数据线上的数据流进行观察和测试。该仪器利用时钟从测试设备上采集和显示数字信号,主要用于时序判定。逻辑分析仪在显示时,通常只显示两个电压(逻辑 1 和 0),因此在设定参考电压后,仪器将被测信号通过比较器进行判定,高于参考电压者为 High,低于参考电压者为 Low,在 High 与 Low 之间形成数字波形。

在 Proteus 软件中,通过单击 按钮,在出现的图中选择 LOGIC ANALYSER 即可调用逻辑分析仪虚拟形式,如图 2.8.1 所示。

（a）逻辑分析仪实物

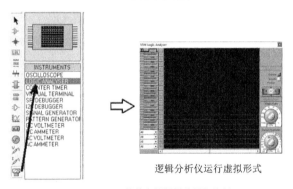

逻辑分析仪运行虚拟形式

（b）Proteus软件中的逻辑分析仪选择

图 2.8.1　逻辑分析仪实物和 Proteus 中的选择

第 3 章

实验数据记录、处理与分析 ⋘

实验过程中经常借助仪器对一些物理量进行测量以获得相应的实验数据,并对其进行记录、处理与分析,以发现事物的客观规律,最终形成文档,即实验报告。实验报告把实验的目的、方法、过程、结果等记录下来,整理成的书面汇报,只客观记录实验的过程和结果,着重告知一项科学事实,不夹带实验者的主观看法。

3.1 实验数据测量与记录

3.1.1 数据测量

测量就是借助仪器用某一计量单位把待测量的大小表示出来,根据获得测量结果方法的不同,可分为直接测量和间接测量。直接测量是由仪器或量具直接读出测量值,如用米尺测量长度,用天平测量质量等;间接测量则是依据待测量和某一个或多个直接测量值之间的函数关系,通过数学运算获得最终结果,如用伏安法测电阻,测得某电阻两端的电压和流过电阻的电流,可依据欧姆定律求出待测电阻的大小。

测量结果一般用数值和单位即可表征,除此之外,精密度、准确度、精确度是评价测量结果的三大重要指标。

(1)精密度描述在同样测量条件下,对同一物理量进行多次测量,所得结果彼此间相互接近的程度,即测量结果的重复性、测量数据的弥散程度,因而测量精密度是测量偶然误差的反映。测量精密度高,偶然误差小,但系统误差的大小不明确。

(2)准确度描述测量结果与真值接近的程度,因而它是系统误差的反映。测量准确度高,则测量数据的算术平均值偏离真值较小,测量的系统误差小,但数据较分散,偶然误差的大小不确定。

(3)精确度是对测量的偶然误差及系统误差的综合评定。精确度高,测量数据集中在真值附近,测量的偶然误差及系统误差都比较小。

3.1.2 测量误差

在实验过程中,受测量装置性能指标、测量环境干扰、操作人员技术水平的影响,加之实验原理和方法未能达到十全十美,使得测量值和真值之间存在着差异,称为测量误差,简称"误差",即

$$误差 = 测量值 - 真值$$

其中,真值指在一定的时间和空间条件下,能够准确反映某一被测量真实状态和属性的量值,也就是某一被测量客观存在的、实际具有的量值。真值有理论真值和约定真值两种。理论真值是在理想情况下表征某一被测量真实状态和属性的量值,客观存在但一般情况下不可能通过测量得到。例如,三角形三内角之和为 $180°$。约定真值是人们为了达到某种目的,按照约定的办法所确定的量值,例如,光速被约定为 $3 \times 10^{8}\,\text{m/s}$。

虽然随着科学技术的发展和人类认知水平的不断提高,测量误差可控性逐渐增强,误差值越来越小,但测量误差仍不可避免。误差公理认为:在测量过程中各种各样的测量误差的产生是不可避免的,测量误差自始至终存在于测量过程中,一切测量结果都存在误差。因此,误差的存在具有必然性和普遍性。

3.1.3 量值的几个常见定义

实际值:在满足实际需要的前提下,相对于实际测量所考虑的精确程度,其测量误差可以忽略的测量结果。实际值在满足规定的精确程度时用以代替被测量的真值。例如,在标定测量装置时,把高精度等级的标准器所测得的量值作为实际值。

测量值:通过测量所得到的量值称为测量值。测量值一般是被测量真值的近似值。

指示值:由测量装置的显示部件直接给出的测量值,称为指示值,简称"示值"。

标称值:测量装置的显示部件上标注的量值称为标称值。因受制造、测量条件或环境变化的影响,标称值并不一定等于被测量的实际值,通常在给出标称值的同时,也给出它的误差范围或精度等级。

3.2 实验数据处理

对实验数据进行记录、整理、计算、分析、拟合等,从中获得实验结果和寻找物理量变化规律或经验公式的过程就是数据处理。它是实验方法的一个重要组成部分,是实验课的基本训练内容,本节主要介绍如何明确物理量之间的变化规律,建立其函数关系。

3.2.1 列表法

列表法是最常用的方法之一,就是将实验数据、中间数据依据一定的形式和顺序列成表格。列表法可以简单明了地描述物理量之间的对应关系,便于分析和阐明实验结果的规律和问题。设计记录表格时要做到:

(1)表格设计要合理,以利于记录、检查、运算和分析;

(2)表格中涉及的各物理量,其符号、单位及量值的数量级均要表示清楚;

(3)表格中数据要正确反映测量结果的有效数字和不确定度,除原始数据外,计算过程中的一些中间结果和最后结果也可以列入表中;

(4)表格要加上必要的说明,实验室所给的数据或查得的单项数据应列在表格的上部,说明文字写在表格的下部。

　　例:验证基尔霍夫电流定律实验,搭建如图 3.2.1 所示电路,参考方向如图所示。若以节点 1 作为验证对象,只需证明流入节点 1 的电流总和等于流出节点 1 的电流总和即可。

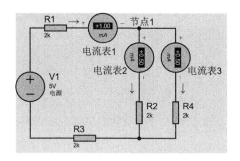

图 3.2.1　基尔霍夫电流定律验证实验仿真电路

　　分别测量流经电阻 R1、R2、R4 的电流,并记录实验数据,可列如表 3.2.1 所示表格记录实验数据。

表 3.2.1　基尔霍夫电流定律实验数据记录表

待测量	I_1/mA	I_2/mA	I_4/mA
测量值 1	1.00	0.50	0.50

　　说明:I_1 为流经电阻 R1 的电流,由电流表 1 测得;I_2、I_4 为流经电阻 R2、R4 的电流,分别由电流表 2、电流表 3 测得,由参考方向知,I_1 流入节点 1,I_2、I_4 流出节点 1。

3.2.2　作图法

　　作图法是在坐标纸上用图线表示物理量之间的关系,揭示物理量之间的联系。作图法简明、形象、直观,便于比较研究实验结果。作图法的基本规则如下:

　　(1)根据函数关系选择适当的坐标纸(如直角坐标纸、单对数坐标纸、双对数坐标纸、极坐标纸等)和比例,画出坐标轴,标明物理量符号、单位和刻度值,并写明测试条件。

　　(2)坐标的原点不一定是变量的零点,可根据测试范围加以选择。根据实验数据有效位数确定坐标分度,以保证图上观测点的坐标读数的有效数字位数与实验数据的有效数字位数一致。纵横坐标比例要恰当,以使图线居中。

　　(3)描点和连线。根据测量数据,用直尺和笔使其函数对应的实验点准确地落在相应的位置上。一张图纸上画上几条实验曲线时,每条图线应用不同的标记,以免混淆。连线时,要顾及数据点,使曲线呈光滑曲线(含直线),并使数据点均匀分布在曲线(直线)的两侧,且尽量贴近曲线。个别偏离过大的点要重新审核,属过失误差的应剔去。

　　(4)标明图名,即做好实验图线后,应在图纸下方或空白的明显位置处,写上图的名称、作者和作图日期,有时还要附上简单的说明,如实验条件等,使读者一目了然。作图时,一般将纵轴代表的物理量写在前面,横轴代表的物理量写在后面,中间可用"-"连接。

3.2.3　逐差法

测量等间距变化的物理量 x，若函数能描述为 x 的多项式时，可用逐差法进行数据处理。

例如，一空载长为 x_0 的弹簧，逐次在其下端加挂质量为 m 的砝码，测出对应的长度 $x_1, x_2, \cdots$，x_5，为求每加一单位质量的砝码的伸长量，可将数据按顺序对半分成两组，使两组对应项相减有：

$$\frac{1}{3}\left[\frac{(x_3 - x_0)}{3m} + \frac{(x_4 - x_1)}{3m} + \frac{(x_5 - x_2)}{3m}\right] = \frac{1}{9m}\left[(x_3 + x_4 + x_5) - (x_0 + x_1 + x_2)\right]$$

这种对应项相减，即逐项求差法简称"逐差法"。逐差法是常用的数据处理方法之一，该方法既合理利用了各测量量，又不减少结果的有效数字位数，是一种粗略处理数据的方法。在使用逐差法时要注意以下几个问题：

（1）在验证函数表达式的形式时，要用逐项逐差，不用隔项逐差。这样可以检验每个数据点之间的变化是否符合规律。

（2）在求某一物理量的平均值时，不可用逐项逐差，而要用隔项逐差；否则，中间项数据会相互消去，而只用到首尾项，白白浪费许多数据。

3.3　实验数据分析

3.3.1　实验结果分析

根据实验要求和目的，验证测量数据是否符合相应原理、定理、定律、定义等，若与已知原理、定理、定律、定义不符，则需分析实验结果，找出错误原因，修正实验方案，重新实验，直至得出正确结果为止。

如 3.2.1 节中所列验证基尔霍夫电流定律实验，可将数据记录表 3.2.1 完善，如表 3.3.1 所示。

表 3.3.1　基尔霍夫电流定律实验数据记录表

待测量	I_1/mA	I_2/mA	I_4/mA	$I_2 + I_4/\text{mA}$
测量值 1	1.00	0.50	0.50	1.00

说明：在表格中增加第五列 $I_2 + I_4$，要验证定律，只需比较表格第四列 I_4 与第五列 $I_2 + I_4$ 的值即可。该实验中需要注意电流参考方向及电流表的接法。

由表 3.3.1 可得，$I_1 = I_2 + I_4$，故基尔霍夫电流定律得以验证。

3.3.2　误差分析

常用描述误差的方法有三种：绝对误差、相对误差和引用误差。

（1）绝对误差 Δ：被测量的测量值 x 与真值 L 之差，具有与被测量相同的单位，即

$$\Delta = x - L$$

由于被测量的真值 L 往往无法得到，因此常用实际值 A 来代替真值，因此有

$$\Delta = x - A$$

如 3.2.1 节中所列验证基尔霍夫电流定律实验,在数据记录表格中加入误差值,可在表 3.3.1 的基础上进一步完善,得到表 3.3.2。

表 3.3.2　基尔霍夫电流定律实验数据记录表

待测量	I_1/mA	I_2/mA	I_4/mA	$I_2 + I_4/\text{mA}$
测量值	1.00	0.50	0.20	0.98
计算值	1.00	0.50	0.50	1.00
相对误差	0	0	0	0

　　说明:计算值为根据电路相关定理、定义,在理想状态下,计算出的流经各电阻的电流值,即理想真值;相对误差即为测量值与计算值的差,可为正,亦可为负。这里采用 Proteus 软件仿真,电路运行在理想环境,故测量值与计算值相等,若采用实际电路,受运行环境、仪器设备、实验人员等多方面影响,测量值与计算值之间必然存在一定误差。

　　(2)相对误差 δ:绝对误差 Δ 与真值 L 的比值,用百分数来表示,即

$$\delta = \frac{\Delta}{L} \times 100\%$$

由于实际测量中真值无法得到,因此可用实际值 A 或测量值 x 代替真值 L。

实际相对误差 δ_A:用实际值 A 代替真值 L 计算相对误差,即

$$\delta_A = \frac{\Delta}{A} \times 100\%$$

示值相对误差 δ_x:用测量值 x 代替真值 L 计算相对误差,即

$$\delta_x = \frac{\Delta}{x} \times 100\%$$

在实际应用中,因测量值与实际值相差很小,即 $A \approx \delta$,故 $\delta_A \approx \delta_x$,一般 δ_A 与 δ_x 不加以区别。采用相对误差来表示测量误差能够较确切地表明测量的精确程度。

绝对误差和相对误差仅能表明某个测量点的误差。实际的测量装置往往可以在一个测量范围内使用,为了表明测量装置的精确程度引入引用误差。

　　(3)引用误差 γ:绝对误差 Δ 与测量装置的量程 B 的比值,用百分数来表示,即

$$\gamma = \frac{\Delta}{B} \times 100\%$$

量程 B 是指测量装置测量范围上限 $x_{\max}$ 与测量范围下限 $x_{\min}$ 之差,即

$$B = x_{\max} - x_{\min}$$

引用误差实际上是采用相对误差形式来表示测量装置所具有的测量精确程度的。

测量装置在测量范围内的最大引用误差,称为引用误差限 γ_{m},定义为测量装置测量范围内最大的绝对误差 $\Delta_{\max}$ 与量程 B 之比的绝对值,即

$$\gamma_{\mathrm{m}} = \left| \frac{\Delta_{\max}}{B} \right| \times 100\%$$

测量装置应保证在规定的使用条件下其引用误差限不超过某个规定值,这个规定值称为仪表的允许误差。允许误差能够很好地表征测量装置的测量精确程度,它是测量装置最主要的质量指标之一。

第4章

实验工具软件使用 «««

本章主要介绍模拟电路和数字电路中使用到的两个工具软件,即 Proteus 软件和 Quartus Ⅱ 软件。前者主要用于模拟和数字电路仿真,后者则主要用于数字逻辑电路实验中绘制电路、编辑编译并下载电路文件到 FPGA 实验板中进行真实的数字电路实验。

4.1　Proteus 软件使用

4.1.1　Proteus 启动与菜单介绍

1. Proteus 启动

在 Windows 开始菜单中找到 Proteus 7 Professional 文件夹,在其下拉菜单中单击 ISIS 7 Professional 便可启动 Proteus 软件。启动后出现图 4.1.1 所示提示。

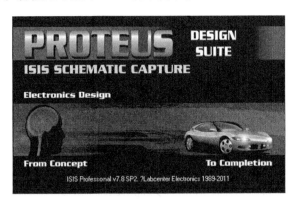

图 4.1.1　Proteus 软件启动画面

2. Proteus 操作界面及功能菜单介绍

启动后界面如图 4.1.2 所示,整个界面分区域:电路原理图编辑区、对象选择器区、工具箱区、菜单栏、工具栏区、方向工具栏区、预览窗口区和仿真按钮等。针对本书实验,除工具箱具体功能不能直接看出外,其他基本均可看出其作用。

工具箱:通过单击工具箱中不同图标按钮,系统将提供不同的操作工具。对象选择器根据选择不同的工具箱图标按钮决定当前状态显示的内容。显示对象的类型包括元器件、终端、引脚、图形符号、标注和图表等。工具箱具体功能如图 4.1.3 所示。

图 4.1.2　Proteus 启动后界面

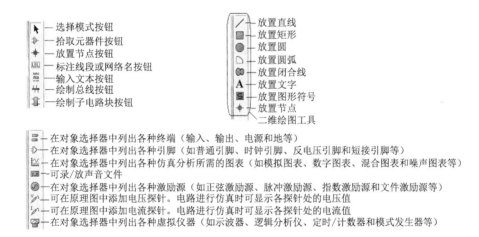

图 4.1.3　工具箱具体功能

仿真按钮：此为组合按钮，可对 Proteus 软件中编辑好的电路原理图进行仿真运行。每个按钮功能如图 4.1.4 所示。

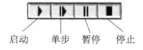

图 4.1.4　仿真按钮功能

4.1.2　本书实验中常用器件调用

本书实验采用 Proteus 软件仿真，使用的是 7.8 sp2 版本，每升级版本，大类变化不大，子类增加多,器件数量增加更多,后述关于器件的描述内容均以此版本为主进行介绍。

1.常用器件调用界面

从工具箱中选择 Component 图标➡,单击 P 按钮,出现 Pick Devices 对话框,如图 4.1.5 所示,进入元器件拾取模式。拾取元器件时,在该模式下,先通过 Category(大类)查找,然后再在 Sub-category(子类)里查找,最后在 Results(器件选择结果栏)中选择相应器件,双击即可将器件放入图 4.1.2 所示"对象选择器"栏中;也可在知道器件名称(或名称部分)下,在 Keywords 文本框中输入关键英文字母进行查找后再找到相关器件双击即可。

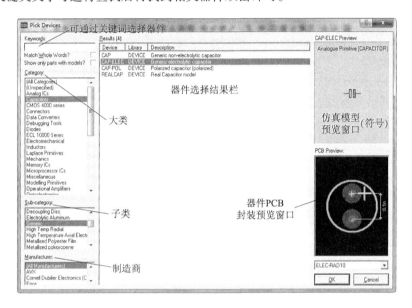

图 4.1.5　器件选择界面

2.本书实验所用主要器件介绍与拾取

在本书实验中所操作器件库有模拟类、数字逻辑类、仿真信号工具类等,仿真信号工具类将在 4.1.3 节中介绍,这里主要介绍前两类。

1)模拟类常用器件库

模拟电路中常用的器件主要分布在以下大类:电阻(Resistors)、电容(Capacitors)、电感(Inductors)、晶体管(Transistors)、二极管(Diodes)、集成运算放大器(Operational Amplifiers)、模拟集成器件(Analog ICs)、光电器件(Optoelectronics)、开关和继电器(Switches & Relays)、开关器件(Switching Devices)、混合器件(Miscellaneous)、扬声器器件(Speakers & Sounders)等。另有直流电源等在仿真源(Simulator Primitives)大类里面,放在后面介绍。

(1)电阻(Resistors)。电阻大类共有 31 个子类。可以 Resistors 为关键词查寻,子类中提供功率包括(1/16) W、(1/10) W、(1/8) W、(1/4) W、(1/2) W、0.6 W、1 W、2 W、3 W、7 W 和10 W 等,精度范围为 0.05% ~10% 等,有金属膜电阻(Metal Film)、绕线电阻(Wirewound)、通用电阻(Generic)、热电阻(NTC、PTC)、排阻(Resistor Packs、Resistor Network)、可变电阻(Variable)、抗浪

涌(Anti-surge)电阻、压敏电阻(Varisitors)及家用高压系列(High Voltage)加热电阻丝等。

该大类拾取可见第 1 章中 1.1 节的内容。常用电阻可在通用电阻(Generic)中拾取,也可直接输入通用电阻"RES"拾取,然后再修改参数。这里主要介绍一下比较常用的可变电阻。直接输入 POT 可找到 316 个之多的可变电阻元件,其中有 311 个为不同封装的有具体阻值的可变电阻元件,只有 POT 和 POT-HG 常用于仿真。

POT 为一般滑动变阻器,触头不能拉动,仿真时不方便,一般不使用此元件。POT-HG 滑动变阻器的好处是可以直接用鼠标来改变触头位置,精确度和调整的最小单位为阻值的 1%,比如一个 1 kΩ 的电阻,可精确到 10 Ω;而一个 100 kΩ 的电阻只能精确到 1 kΩ,所以,当电阻较大时,考虑把它分成两部分串联,一部分为较大阻值的固定电阻,另一部分为较小阻值的滑动电阻,这样比较科学。另外,POT-HG 可通过属性设置,让数值的变化按对数或指数规律变化,如图 4.1.6 所示。

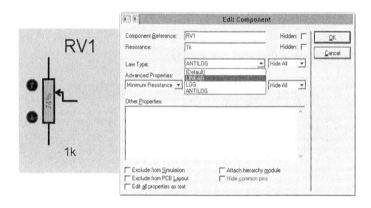

图 4.1.6 滑动变阻器元件属性对话框

(2)电容(Capacitors)。电容大类共有 35 个子类,模拟电路中常用的电容为极性电容,即电解电容。实际上,无极性电容和电解电容在使用时没有什么区别,只不过当电容值较大时(一般在 1 μF 以上时),要做成电解电容。放大电路中的耦合电容一般为 10～100 μF,为电解电容。特别注意的是,电解电容的正极性端的直流电位一定要高于负极性端才能正常工作,否则会出现意外现象。

常用的无极性电容的名称为 CAP,极性电容为 CAP-ELEC。极性电容 CAP-ELEC 的原理图符号正端不带填充,负端方框中填充有斜纹。其仿真器件可通过通用电容(Generic)拾取即可。该大类拾取还可参见第 1 章中 1.2 节的内容。需特别说明的是,对电容充放电动画演示时,Proteus 软件中特提供了子类 Animated 中的 CAPACITOR 器件。

(3)电感(Inductors)。电感大类共有 8 个子类,电感和变压器同属电感 Inductors 这一分类,只不过在子类中,又分为通用电感(Generic)、表面安装技术(SMT)电感、固定电感和变压器等。一般来说,使用电感时,可使用通用电感或直接查找 INDUCTOR 等方式拾取电感元件;使用变压器时,用 Transformers 查找,拾取时要看一、二次侧的匝数而定[见图 1.3.1(c)]。

打开元件拾取对话框,选取 Inductors 大类下的子类 Transformers,如图 1.3.1 所示,在右侧显示出变压器可选元件。常用的是前四种,名称前缀为"TRAN-",也可以直接输入这个前缀来搜寻变压器。为了帮助读者记忆变压器的名称,以第一个变压器 TRAN-1P2S 为例来说明它的含义。TRAN 是变压器的英文 TRANSFORMER 的缩写,P 是一次侧 PRIMARY 的意思,S 是二次侧 SECONDARY 的意思。而后面三个变压器都是饱和变压器,如 TRSAT 2P2S2B 即 Saturated Transformer with Secondary and Bias Windings,意思是具有二次侧和偏置线圈的饱和变压器。

变压器在调用时,由于对称按钮可能处于选中状态,一、二次绕组的位置就颠倒了,使用时要注意,尤其是一、二次绕组数目相同的变压器,这涉及一、二次绕组的匝数比是升压或降压变压器的问题。

变压器的匝数比是通过改变一、二次绕组的电感值来实现的。打开"TRAN-2P2S"变压器的元件属性对话框,如图 4.1.7 所示,一、二次绕组的电感值都是 1 H,即电压比 n 为 1:1。如果想使它成为 $n = 10:1$ 的降压变压器,可以改变一次侧电感,也可改变二次侧电感,还可以两者同时改变,但要保证一、二次电压比值等于一次电感与二次电感的二次方比。

改变一、二次绕组的电感值分别为 100 H 和 1 H(也可以为 1 H 和 0.01 H),即一、二次电压比为 10:1,此变压器为降压变压器,如图 4.1.8 所示。

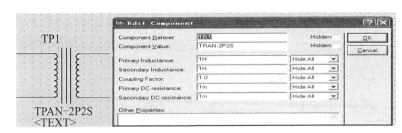

图 4.1.7　变压器属性对话框

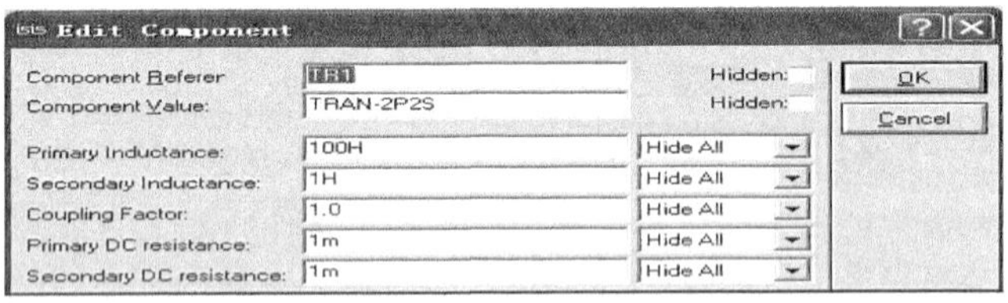

图 4.1.8　修改变压器变比

变压器电压比设定后,在一次侧加一个交流源 ALTERNATOR,使它幅值为 100 V,频率为 50 Hz,同时在一次侧加一个交流电压表,在二次侧也加一个交流电压表,运行仿真,显示一次电压有效值为 70.7 V,二次电压有效值为 7.07 V,电压比为 10:1,如图 4.1.9 所示。

(4)晶体管(Transistors)。晶体管大类共有 8 个子类,见表 4.1.1。

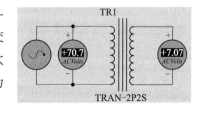

图 4.1.9　变压器电压比仿真电路

表 4.1.1　Transistors 子类

子类	含义	子类	含义
Bipolar	双极型晶体管	MOSFET	金属氧化物场效应管
Generic	普通晶体管	RF Power LDMOS	射频功率 LDMOS 管
IGBT	绝缘栅双极型晶体管	RF Power VDMOS	射频功率 VDMOS 管
JFET	结型场效应管	Unijunction	单结晶体管

　　如何在 Proteus 的浩瀚元件库中找到自己想要的晶体管元件呢？打开 Proteus 的元件拾取对话框,在 Category 中的 Transistors 就是晶体管,然后在 Sub-category 中选择 Bipolar,即为常说的三极管(也即双极型晶体管),如图 4.1.10 所示。这些元件和平时常用的国产晶体管的型号不太一致,比如常用的国产高频小功率管 3DG6 对应于 2N5551[图 4.1.10 右侧为该器件的符号和 PCB(印制电路板)图],替换的原则是双方的管型一致,另外参数也要一样(当然根据设计需求允许有误差),元件替换对应关系也可以在网上查找。如果只是一般的原理仿真,可以直接输入 NPN或 PNP 来拾取通用元件即可。如果用到场效应管,则可以在对应的子类中查找,如图 4.1.10 左侧 Sub-category 框中所示。

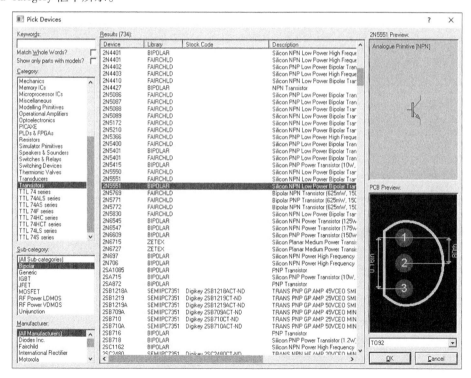

图 4.1.10　三极管元件拾取对话框

　　(5)二极管(Diodes)。二极管大类共有 9 个子类。二极管的种类很多,包括整流桥、整流二极管、肖特基二极管、开关二极管、隧道二极管、变容二极管和稳压二极管等。打开 Proteus 的元件拾取对话框,选中 Category 中的 Diodes,出现如图 4.1.11 所示的对话框。一般来说,选取子类

Sub-category 中的 Generic(通用器件)即可。图 4.1.11 右边给出通用器件的查寻结果,可以单击来看看需要使用哪种元件。

(6)集成运算放大器(Operational Amplifiers)。集成运算放大器大类共有7个子类,如表4.1.2所示。

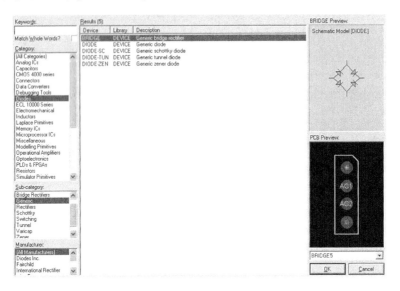

图 4.1.11　二极管元件拾取对话框

表 4.1.2　Operational Amplifiers 子类

子类	含义	子类	含义
Dual	双运放	Quad	四运放
Ideal	理想运放	Single	单运放
Macromodel	大量使用的运放	Triple	三运放
Octal	八运放		

打开 Proteus 的元件拾取对话框,选取 Operational Amplifiers 分类,显示子类有 Dual、Ideal、Octal、Quad、Single、Triple,分别为双运放(即一个集成芯片内所包含的两个相同运放)、理想运放、八运放、四运放、单运放和三运放。常用的集成运放是通用的理想运放器,可直接选子类 Ideal 中的 OP1P。如果知道集成运放的名称,也可直接查寻,比如对常用的四运放 LM324 直接输入"LM324"即可。

(7)模拟集成器件(Analog ICs)。模拟集成器件大类共有9个子类,包括放大器(Amplifier)、比较器(Comparators)、显示驱动器(Display Drivers)、数据选择器(Multiplexers)、滤波器(Filters)、混杂器件(Miscellaneous)、三端稳压器(Regulators)、555 定时器(Timers)和参考电压(Voltage References)等。打开 Proteus 的元件拾取对话框,选中 Category 中的 Analog ICs,再选取 Sub-category中所需的子类器件即可。若知道器件型号,则直接输入型号搜寻即可。但要注意右上角有 No Simulator Model 的器件,有此说明,表明此器件无仿真模型。

（8）光电器件（Optoelectronics）。光电器件大类共有 13 个子类，如表 4.1.3 所示。

表 4.1.3　Optoelectronics 子类

子类	含义	子类	含义
7/14/16-Segment Displays	7/14/16 段显示	LCD Controllers	液晶控制器
Alphanumeric LCDs	液晶数码显示	LCD Panels Displays	液晶面板显示
Bargraph Displays	条形显示	LEDs	发光二极管
Dot Matrix Displays	点阵显示	Optocouplers	光耦合器
Graphical LCDs	液晶图形显示	Serial LCDs	串行液晶显示
Lamps	灯		

打开 Proteus 的元件拾取对话框，选中 Category 中的 Optoelectronics，再选取 Sub-category 中所需的子类器件即可。在本书实验中用到 7/14/16 段显示、条形显示、点阵显示、灯、发光二极管、光耦合器等。其中部分拾取器件参见第 1 章 1.4.1 节。

（9）开关和继电器（Switches & Relays）。开关和继电器大类共有 4 个子类，如表 4.1.4 所示。

表 4.1.4　Switches & Relays 子类

子类	含义
Keypads	键盘
Relays[Generic]	普通继电器
Relays[Specific]	专用继电器
Switches	开关

打开 Proteus 的元件拾取对话框，选中 Category 中的 Switches & Relays，再选取 Sub-category 中所需的子类器件即可。在本书实验中用到的器件拾取参见第 1 章 1.5 节和 1.6.1 节。

（10）开关器件（Switching Devices）。开关器件共有 4 个子类，如表 4.1.5 所示。

表 4.1.5　Switching Devices 子类示意

子类	含义
DIACs	双向触发二极管
Generic	普通开关元件
SCRs	晶闸管
TRIACs	双向晶闸管

打开 Proteus 的元件拾取对话框，选中 Category 中的 Switching Devices，再选取 Sub-category 中所需的子类器件即可。在本书实验中用到的器件拾取参见第 1 章 1.4.4 节。

（11）混合器件（Miscellaneous）。本大类中无子类，只有对应的 13 个器件。打开 Proteus 的元件拾取对话框，选中 Category 中的 Miscellaneous，再选取所需的器件即可。在本书实验中用到的器件拾取参见第 1 章 1.6.2 节和 1.6.4 节。

（12）扬声器（Speakers & Sounders）。本大类中无子类，只有对应的 5 个器件。扬声器在模拟电路的仿真中也经常用到。打开 Proteus 的元件拾取对话框，选中 Category 中的 Speakers & Sounders，再选取所需的器件即可。也可直接输入"Speaker"来调用，两个接线端不分正负，因为它接收的是交流模拟信号。要注意驱动信号的幅值和频率应在扬声器的工作电压和频率范围之内，否则不会鸣响。当扬声器不鸣响时，可能是因为信号种类不匹配（比如数字信号）或扬声器的电压设得太大而需要修改。扬声器的属性参数对话框如图 4.1.12 所示。在本书实验中用到的器件拾取参见第 1 章 1.6.3 节。

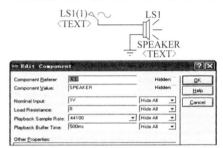

图 4.1.12　扬声器属性
参数对话框

（13）电子机械（Electromechanical）。本大类中无子类，只有对应的 10 个器件。基本上是电动机。在本书实验中用到的器件拾取参见第 1 章 1.6.5 节。

2）数字逻辑类常用器件库

此项涉及 11 个大类，如图 4.1.13 所示。其中的 CMOS 4000 和 74××Series 等 9 个大类全部为具有型号的数字逻辑器件，其他 3 个大类均为通用性仿真源器件，进行数字逻辑电路仿真时，用这 3 个大类是较好的。

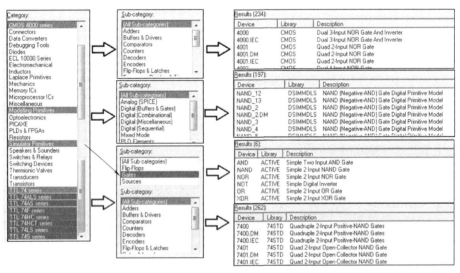

图 4.1.13　数字逻辑类常用器件库

4.1.3　Proteus 虚拟信号源、虚拟仪器和虚拟工具

1．虚拟信号源

单击工具箱中 Generators Mode 按钮 ⓞ，出现图 4.1.14 所示对话框，此为仿真用虚拟信号源。其作用见表 4.1.6。

表 4.1.6 虚拟信号源及含义

信号源名称	含义	信号源名称	含义
DC	直流电压源	AUDIO	音频信号发生器，数据来源于 wav 文件
SINE	正弦波发生器	DSTATE	单稳态逻辑电平发生器
PULSE	脉冲发生器	DEDGE	单边沿信号发生器
EXP	指数脉冲发生器	DPULSE	单周期数字脉冲发生器
SFFM	单频率调频波信号发生器	DCLOCK	数字时钟信号发生器
PWLIN	任意分段线性脉冲信号发生器	DPATTERN	模式信号发生器
FILE	File 信号发生器，数据来源于 ASCII 文件	SCRIPTABLE	可程式化信号发生器

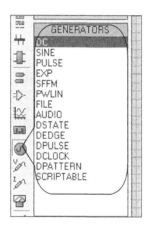

图 4.1.14 虚拟信号源

Proteus 虚拟信号源的编辑模式示例如图 4.1.15 所示。选中相应虚拟信号源后放置到原理图编辑窗口中，右击，选择 Edit 命令即进入编辑模式，可对虚拟信号源的参数进行相应设置。

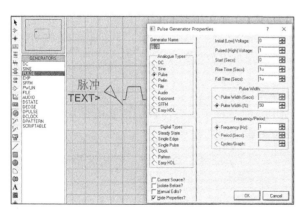

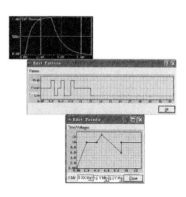

图 4.1.15 多种虚拟信号源的编辑模式示例

2. 虚拟仪器

单击工具箱中 Virtual Instrument Mode 按钮▦,出现图4.1.16所示的所有虚拟仪器名称列表。

图4.1.16　虚拟仪器列表

下面对本书实验中用到的虚拟仪器的使用方法进行介绍。这些虚拟仪器包括信号发生器、虚拟数字示波器、交直流电压和电流表、逻辑分析仪等。

1)信号发生器(SIGNAL GENERATOR)

图2.3.1和图4.1.17展示了在 Proteus 软件中选择信号发生器的过程。使用时,将信号发生器输出端接至需测试电路的输入端,选择相应波形,可供选择的波形有正弦波、锯齿波、三角波、矩形波,可供选择的极性有双极性(Bi)和单极性(Uni),输出的信号频率和幅度可通过对应的旋钮粗调和细调调节来完成。

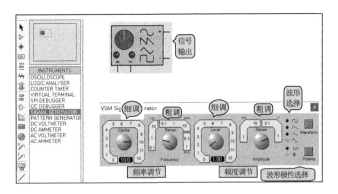

图4.1.17　虚拟信号发生器

2)虚拟数字示波器(OSCILLOSCOPE)

用鼠标左键单击列表区的 OSCILLOSCOPE,则在预览窗口出现示波器的符号。图2.5.1展示了在 Proteus 软件中选择虚拟数字示波器的过程。

在编辑窗口单击,出现示波器的拖动图像,拖动鼠标指针到合适位置,再次单击左键,示波器被放置到原理图编辑区中。

虚拟示波器运行后面板分四个区域:Y轴幅度通道区、触发区、水平扫描区、示踪区。除示踪区专门用来显示信号波形外,其他三个区域为示波器的操作区,如图4.1.18所示。

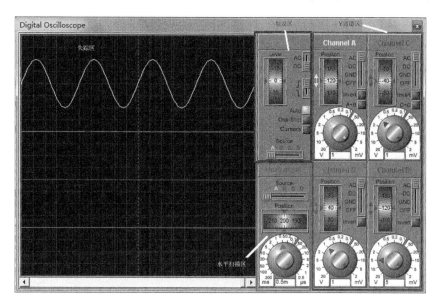

图 4.1.18 虚拟示波器运行界面

①Y 轴幅度通道区:包含四个通道区,即 Channel A(A 通道)、Channel B(B 通道)、Channel C(C 通道)和 Channel D(D 通道)。每个区的操作功能都一样。主要有两个旋钮[见图4.1.19(a)],Position旋钮用来调整波形的垂直位移;圆形旋钮用来调整波形的 Y 轴增益,其白色区域的刻度表示图形区每格对应的电压值。内旋钮是微调,外旋钮是粗调。在图形区读波形的电压时,会把内旋钮顺时针调到最右端。

②触发区(Trigger):如图 4.1.19(b)所示。其中 Level 用于调节水平坐标来控制同步触发电平,水平坐标只在调节时才显示。Auto 按钮一般为红色选中状态。Cursors 按钮选中后,可以在图标区标注横坐标和纵坐标,从而读波形的电压和周期,如图 4.1.20 所示。右击,在弹出的快捷菜单中,选择清除所有的标注坐标、打印及颜色设置。

③水平扫描区(Horizontal):Position 旋钮用来调整波形的左右位移,圆形旋钮调整扫描频率。内旋钮是微调,外旋钮是粗调。当读周期时,应把内旋钮顺时针旋转到最右端,如图 4.1.19(c)所示。

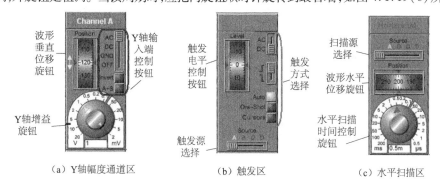

(a)Y轴幅度通道区　　　　(b)触发区　　　　(c)水平扫描区

图 4.1.19 虚拟示波器运行后面板

使用虚拟示波器时,需将虚拟示波器的四个接线端 A、B、C、D 分别接四路输入信号,信号的另一端应接地。该虚拟示波器能同时观看四路信号的波形。按照图4.1.21 接线,把1 kHz、1 V 的正弦激励信号加到示波器的 A 通道。

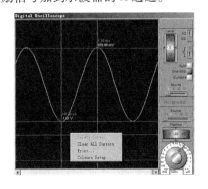
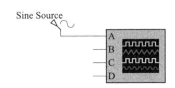

图4.1.20　触发区 Cursors 按钮的使用　　　图4.1.21　正弦信号与示波器的接法

按仿真运行按钮开始仿真,出现图4.1.20 所示的虚拟数字示波器运行界面。可以看到,左面的图形显示区有四条不同颜色的水平扫描线,其中 A 通道由于接了正弦信号,已经显示出了正弦波形。

在运行过程中如果要关闭示波器,需要从主菜单 Debug 中选择 VSM Oscilloscope 命令来实现。

3)交直流电压和电流表

在 Proteus 软件中,用来测量电路中电流和电压的虚拟仪器有交流电压表、交流电流表、直流电压表、直流电流表。

单击工具栏中的 按钮,如图4.1.22 所示。在对象选择区出现所有的虚拟仪器名称列表,其中 DC VOLTMETER、DC AMMETER、AC VOLTMETER、AC AMMETER 分别为直流电压表、直流电流表、交流电压表和交流电流表。

交、直流电压表和交、直流电流表的量程都可以设定,比如可以设定一个交流电压表为毫伏表,如图4.1.22 所示,只需改变该器件的属性中的 Display Range 为 Millivolts 即可。

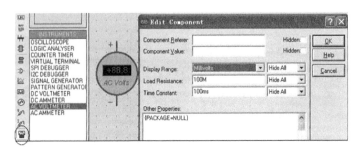

图4.1.22　交流毫伏表的量程设定

使用时,电流表需要串联在被测电路中,电压表则需要并联在被测电路两端,如图4.1.23 所示。

4）逻辑分析仪

逻辑分析仪（LOGIC ANALYSER）是通过将连续记录的输入信号存入大的捕捉缓冲器中进行工作的。这是一个采样过程,具有可调的分辨率,用于定义可以记录的最短脉冲。在触发期间,驱动数据捕捉处理暂停,并监测输入数据。触发前后的数据都可显示。因其具有非常大的捕捉缓冲器（可存放 10 000 个采样数据）,因此支持放大/缩小显示和全局显示。同时,用户还可移动测量标记,对脉冲宽度进行精确定时测量。

逻辑分析仪的仿真模拟如图 4.1.24 所示。其中 A0 ~ A15 为 16 路数字信号输入,B0 ~ B3 为总线输入,每条总线支持 16 位数据,主要用于接单片机的动态输出信号。运行后,可以显示 A0 ~ A15、B0 ~ B3 的数据输入波形。

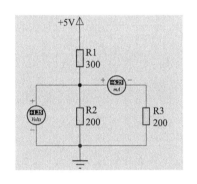

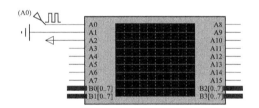

图 4.1.23　电流表与电压表的使用　　　　图 4.1.24　逻辑分析仪的仿真模型

逻辑分析仪的使用方法如下:

（1）把逻辑分析仪放在原理图编辑区,在 A0 输入端上接 10 Hz 的方波时钟信号,A1 接低电平,A2 接高电平。

（2）单击仿真运行按钮,出现其操作界面,如图 4.1.25 所示。

（3）先调整一个分辨率,类似于示波器的扫描频率。在图 4.1.25 中调整捕捉分辨率 Capture Resolution,单击 Cursors 按钮使其不显示。单击 Capture 按钮,开始显示波形,该按钮先变红,再变绿,稍后显示如图 4.1.25 所示的波形。

（4）调整 Display Scale 旋钮,或在图形区滚动鼠标滚轮,可调节波形,使其左右移动。

（5）如果希望的波形没有出现,可以再次调整分辨率,然后单击 Capture 按钮,就能重新生成波形。

（6）Cursors 按钮按下后,在图形区单击,可标记横坐标的数置,即可以测出波形的周期、脉宽等。

在图 4.1.25 中可以观察到,A0 通道显示方波,A1 通道显示低电平,A2 通道显示高电平,这两条线紧挨着。其他没有接的输入 A3 ~ A15 一律显示低电平,B0 ~ B3 由于不是单线而是总线,所以由两条高低电平波形来显示,如有输入,波形应为平时分析存储器读/写时序时见到的数据或地址的波形。

3. 虚拟工具

1)终端模式

单击工具箱中 ▤ 按钮,出现图 4.1.26 所示的几种终端模式。

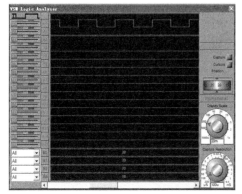

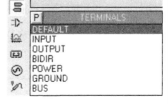

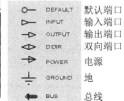

图 4.1.25　逻辑分析仪运行波形　　　　　　　　　图 4.1.26　终端模式

放置终端:在编辑窗口中期望引脚出现的位置双击,即可放置终端。按住鼠标左键不放,可对其进行拖动操作。

2)调试工具

单击工具箱中 ➡ 按钮,单击 P 按钮,打开 Proteus 的元件拾取对话框(见图 4.1.27),选中 Category 中的 Debugging Tools,对应的 Sub-category 中有三个子类:Breakpoint Triggers(中断点追踪器)、Logic Probes(逻辑探针)、Logic Stimuli(逻辑状态信号源)。利用这一调试工具可以很好地对数字逻辑电路进行直观逻辑仿真。

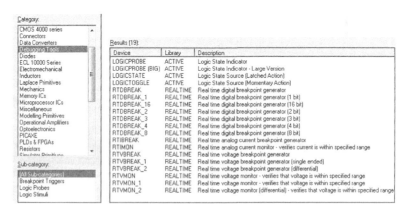

图 4.1.27　逻辑调试工具

使用时,选中需用的工具[比如 LOGICSTATE(逻辑信号源)和 LOGICPROBE(BIG)(逻辑状态显示)],拖动其到原理图编辑窗口中,将其连接到逻辑器件中,运行后便可进行逻辑测试了,如图 4.1.28 所示。

4. 图表仿真

Proteus VSM 的虚拟仪器为用户提供交互动态仿真功能,但这些仪器的仿真结果和状态随着仿真结束也消失了,不能满足打印及长时间的分析要求。所以,Proteus ISIS 还提供了一种静态的图表仿真功能,无须运行仿真,随着电路参数的修改,电路中的各点波形将重新生成,并以图表的形式留在电路图中,供以后分析或打印。图表仿真通过单击工具箱中 ⊠ 按钮,可得到图4.1.29所示对话框。仿真波形类别含义见表4.1.7。

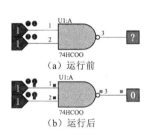

（a）运行前

（b）运行后

图4.1.28 调试工具示例

图4.1.29 图表仿真对话框

表4.1.7 仿真波形类别含义

波形类别名称	含 义
ANALOGUE	模拟波形
DIGITAL	数字波形
MIXED	模/数混合波形
FREQUENCY	频率响应
TRANSFER	转移特性分析
NOISE	噪声波形
DISTORTION	失真分析
FOURIER	傅里叶分析
AUDIO	音频分析
INTERACTIVE	交互分析
CONFORMANCE	一致性分析
DC SWEEP	直流扫描
AC SWEEP	交流扫描

下面通过实例来介绍 Proteus ISIS 的图表仿真功能。图表仿真涉及一系列按钮和菜单的选择。主要目的是把电路中某点对地的电压或某条支路的电流相对时间轴的波形自动绘制出来。图表仿真功能的实现包含以下步骤:

(1)在电路中被测点加电压探针,或在被测支路加电流探针。

（2）选择放置波形的类别，并在原理图中拖出用于生成仿真波形的图表框。

（3）在图表框中添加探针。

（4）设置图表属性。

（5）单击图表仿真按钮生成所加探针对应的波形。

（6）存盘及打印输出。

画好图 4.1.30 所示电路，在输入端放入工具箱中的正弦波信号，并命名为"in"，在输出端放置电压探针，并命名为"out"，单击 ⚡ 按钮并选中 FREQUENCY 图表仿真，在电路原理图编辑窗口拖动出一定大小的图表，如图 4.1.31 所示。

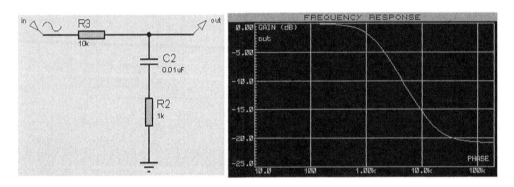

图 4.1.30　示例仿真图表

在图上右击，得到图 4.1.32 所示快捷菜单，选择 Add Traces...命令。得到图 4.1.33 所示对话框。

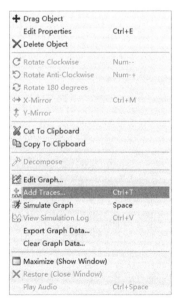

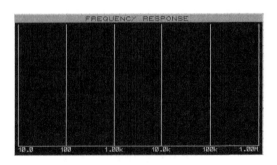

图 4.1.31　拖动出的仿真图表　　　　图 4.1.32　右击快捷菜单

在"Probe P1:"的下拉菜单中选中 out 后,单击 OK 按钮。再次双击,在出现的图中修改相应参数,如图 4.1.34 所示。最后在图上右击,在弹出的快捷菜单中选择 Simulate Graph 命令,即可得到该电路的仿真图表,如图 4.1.30 右边所示。

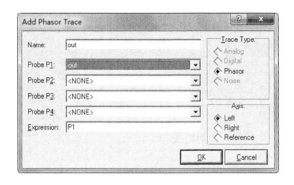

图 4.1.33　图表参数添加

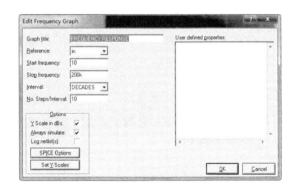

图 4.1.34　图表参数修改

4.2　Quartus II 在本书实验中的使用

在本书数字逻辑实验部分,采用的是 DE2-115 型实验板。该实验板是以 FPGA 芯片为主控的可进行数字逻辑、微机原理、接口技术等课程实验的实验系统板。

4.2.1　DE2-115 型数字综合实验平台(实验板)介绍

DE2-115 型数字综合实验平台(实验板)如图 4.2.1 所示。在进行数字逻辑实验时,通常是通过所需完成数字逻辑的器件配置图来配置 FPGA 核心芯片,完成相关的逻辑功能。该板的 FPGA 核心芯片型号为 Cyclone IV EP4CE115F29,配置方式有 JTAG 和 AS 模式两种,配置控制芯片为 EPCS64,使用 USB Blaster 进行在线配置。系统上电后会不断进行自检。

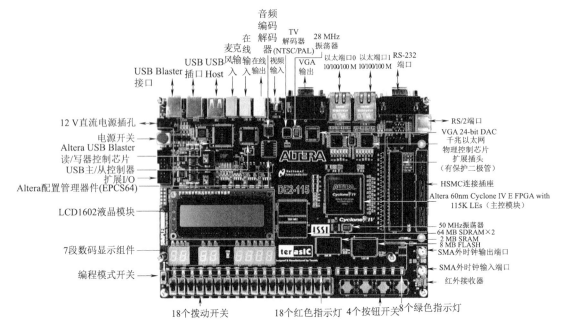

图 4.2.1　DE2-115 型实验板

实验板中涉及的引脚与拨动开关、按钮开关、LED、数码管等之间的关系以及芯片配置见相关资料,在此不详细介绍。代码下载采用 USB 电缆连接到 DE2-115 实验板的 USB-Blaster 电路上。

4.2.2　Quartus Ⅱ 使用

本书数字逻辑实验中,使用 Quartus Ⅱ 13.0 软件进行电路绘制、编译、连接和代码下载。

(1)新建一个 FPGA 文件夹,再启动 Quartus Ⅱ。

(2)启动后界面如图 4.2.2 所示。

图 4.2.2　Quartus 启动界面

(3)单击 [Create a New Project (New Project Wizard)] 按钮新建工程,出现图 4.2.3 所示界面。

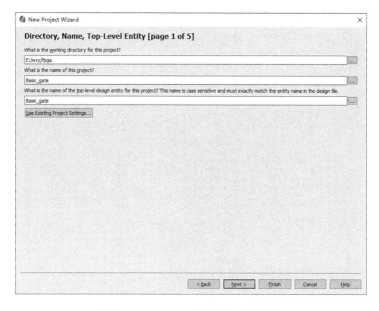

图 4.2.3　Quartus Ⅱ 新建工程界面

（4）在出现的界面第一行中选择新建的 FPGA 文件夹，第二行中输入 Basic_gate，单击 Finish 按钮后出现图 4.2.4 所示界面。

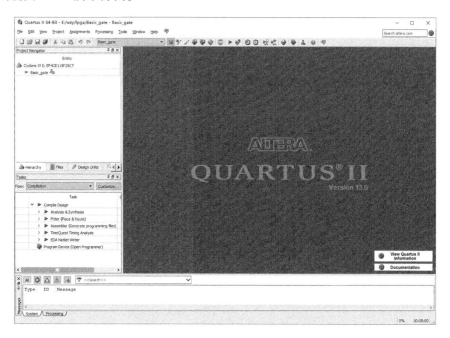

图 4.2.4　Quartus Ⅱ 新建工程结束后的界面

（5）再新建文件，在出现的图 4.2.5 所示界面中选择 Block Diagram/Schematic File 命令。

（6）出现编辑界面如图 4.2.6 所示。

（7）选择元件，单击 🔲 按钮，在出现的窗口中的 Name 栏输入所需器件名称（见图4.2.7），如7400、7432、input、output 等，单击 OK 按钮后拖入编辑界面。

（8）选好元件后连线，按住鼠标左键不放，点需要连接的点即可，如图4.2.8（a）所示。

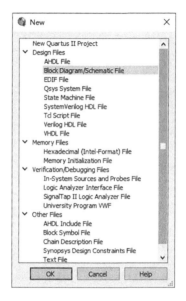

图 4.2.5 Quartus Ⅱ 新建文件对话框

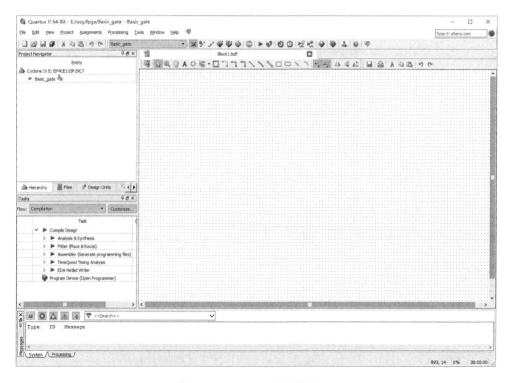

图 4.2.6 Quartus Ⅱ 编辑界面

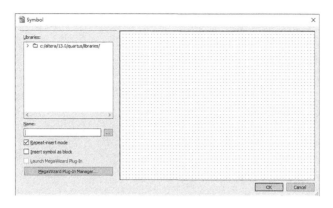

图 4.2.7　Quartus Ⅱ 器件选择界面

（9）重新命名各信号引脚。双击某信号引脚（输入或输出），出现界面后修改信号引脚名称，如图 4.2.8(b)所示。再单击 ▶ 按钮进行预编译，检查是否有错，正常编译完成后的结果如图 4.2.9所示。

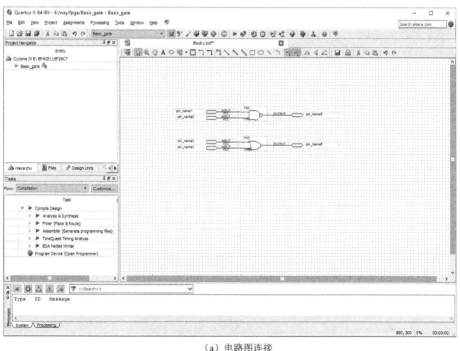

（a）电路图连接

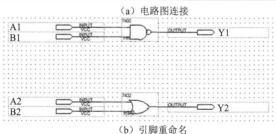

（b）引脚重命名

图 4.2.8　编辑电路图

（10）选择 Assignments→Device 命令，在出现的界面中，Family 选择 cyclone Ⅳ E 按钮，在下面

列表中选择与实验板 FPGA 主芯片对应的芯片名称,如 EP4CE115F29C7,单击 OK 按钮确定,如图 4.2.9 所示。

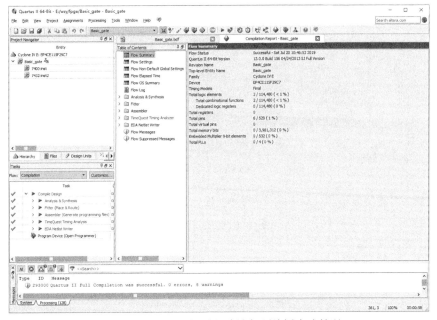

图 4.2.9　核心芯片选择、确认与预编译完成情况

(11)单击 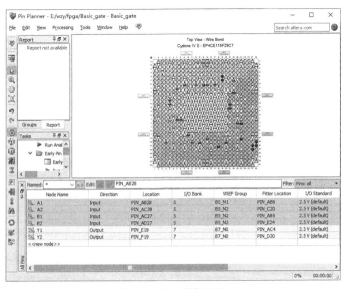 按钮选择对应器件引脚进行配置。在出现的界面(见图 4.2.10)中选择与实验板上对应的引脚与原理图输入/输出引脚对应。引脚输入/输出对应开关和指示灯见 DE2-115 实验板使用手册。配置好的引脚如图 4.2.10 所示。

图 4.2.10　引脚配置

(12)重新单击 ▶ 按钮编译,编译时有"%"指示(见图 4.2.11)。只有当所有编译达到

100%，才能最终形成下载的代码。

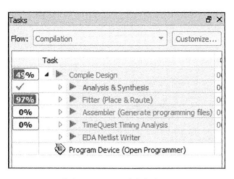

图 4.2.11　编译界面

（13）连接实验板（USB），查看设备管理器中有无 USB-Blaster 连接，如图 4.2.12 所示。

图 4.2.12　检查 USB 下载器连接情况

（14）单击 按钮，在出现的界面中查看下载器件是否连接，编译后的文件是否在上面。在图 4.2.13 所示界面上单击 Start 按钮，将编译后的文件"XX. sof"下载到实验板中，看下载指示条（等待一段时间），运行实验板，观察逻辑变化。

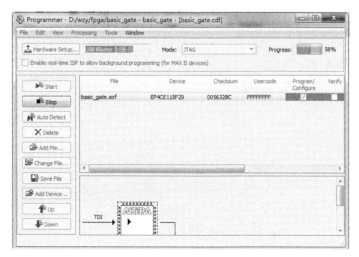

图 4.2.13　代码下载

下 篇
实 验 项 目

本篇从电路基础实验、模拟电子技术基础实验、数字电子技术基础实验、综合性设计实验等方面全面介绍电路与电子技术基础中涉及的基本定理、定律和电子技术知识。

第 5 章

电路基础实验 <<<

5.1　常用电子仪器的使用和常用元件伏安特性测量

【实验目的】

(1)学会识别常用元器件、电路的方法。

(2)掌握伏安法测试线性电阻、非线性电阻元件特性的方法。

(3)学会常用直流电工仪表和设备的使用方法。

(4)学会 Proteus 仿真软件使用方法。

【实验器材】

万用表(一块);稳压电源(一台);电压表(0~30V,一块)和电流表(毫安级,一块);12 V 车用白炽灯(一个);整流二极管 IN4007 和 12 V 稳压管(各一个);电阻、导线(若干);面包板(一块)。

【实验原理】

任何一个二端元件的特性均可用下面函数关系表示,即

$$I = f(U)$$

函数公式表明:在电路中,某一元件通过的电流 I 与其端电压 U 之间存在一个 I–U 的关系曲线,这条曲线即为该元件的伏安特性曲线。根据实际电路情况,二端元件有下列几种情况:

(1)线性(如线性电阻元件)的伏安特性曲线是一条通过坐标原点的直线,如图 5.1.1 中曲线 a 所示,该直线的斜率等于该电阻元件的电阻值 R,伏安特性遵从欧姆定律,即 $U = IR$。

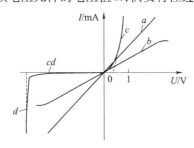

图 5.1.1　二端元件的伏安特性曲线

（2）常用的白炽灯，通电前和通电后，其内的温度不一样，也造成灯丝的阻值不一样，温度低时阻值低，温度高时阻值高，其伏安特性曲线如图 5.1.1 中曲线 b 所示。

（3）非线性的半导体器件（如二极管）其伏安特性曲线如图 5.1.1 中曲线 c、cd、d 所示，正向压降很小（见图 5.1.1 曲线 c，锗管一般为 0.2 ~ 0.3 V，硅管为 0.5 ~ 0.7 V），其伏安特性符合以下公式：

$$i_D = I_{SS}(e^{\frac{u_D}{U_T}} - 1)$$

即正向电流随正向压降的升高而急剧上升，而反向电压从零到一定值之间时（见图 5.1.1 曲线 cd），其反向电流增加很小，粗略地可视为零，此即为二极管的单向导电性（注：一旦二极管反向电压加得过高，超过限值，则会导致二极管热击穿损坏）；而稳压二极管是一种特殊的二极管，其正向特性与普通二极管类似，但其反向电压增加到某一数值时电流将突然增加，以后它的端电压将维持恒定，不再随外加的反向电压升高而增大（见图 5.1.1 曲线 d），此稳定的数值称为稳压二极管的稳压值，此时的反向导通电阻减小（注：流过稳压二极管的电流不能超过该管的极限值，否则稳压二极管会因热击穿而烧坏）。

【实验内容】

1.测定线性电阻元件的伏安特性

按图 5.1.2（a）在面包板上插上电阻（阻值 200 Ω，功率 1 W），串联连接电流表，并联连接电压表，接上开关和电源，闭合开关，按表 5.1.1 所示电压调节电源电压（注：最大不可超过 12 V），同时记录下电流表电流值，填入表 5.1.1 中。

在 Proteus 中画出电路图如图 5.1.2（b）所示，调节可调电阻 RW 值让电源的输出电压 U，从 0 V 开始缓慢地增加，一直到 12 V，记下相应的电压表和电流表的读数 U_R、I，填入表 5.1.1 中（注：将电流表属性设为毫安级，供电电源用 12 V 即可）。

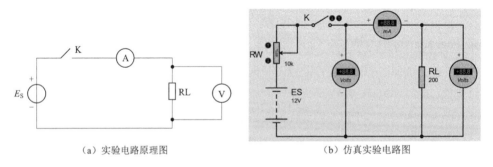

（a）实验电路原理图　　　　　　　　（b）仿真实验电路图

图 5.1.2　线性电阻元件的伏安特性测量电路图

表 5.1.1　线性电阻元件的伏安特性测量记录表

U_R/V	0	2	4	6	8	10	12
I/mA（实测）							
I/mA（仿真）							

2. 测定非线性电阻元件(如白炽灯泡)的伏安特性

将图5.1.2(a)中的 RL 换成一只12 V 的灯泡,实验电路原理图如图5.1.3(a)所示,重复"测定线性电阻元件"的步骤,将实测数据填入表5.1.2 中。在 Proteus 软件仿真中,将 RL 换成 LAMP(在单击 P 按钮后,选择 Optoelectronics,在 Lamps 中查找),重复"测定线性电阻元件"的步骤,将仿真数据填入表5.1.2 中。

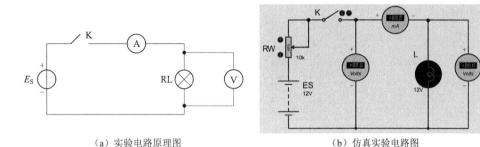

(a)实验电路原理图　　　　　　(b)仿真实验电路图

图 5.1.3　非线性电阻元件的伏安特性测量电路图

表 5.1.2　非线性电阻元件的伏安特性测量记录表

U_R/V	0	2	4	6	8	10	12
I/mA(实测)							
I/mA(仿真)							

3. 测定半导体二极管的伏安特性

将图5.1.2(a)中的 RL 换成一只 IN4007 二极管,并在电路中串联一个限流电阻(阻值100 Ω,功率1 W),实验电路原理图如图5.1.4(a)所示,重复"测定线性电阻元件"的步骤,将实测数据填入表5.1.3 中。在 Proteus 软件仿真中,将 RL 换成 IN4007(在单击 P 按钮后,选择 Diodes,在 Rectifiers 中查找),重复"测定线性电阻元件"的步骤,将仿真数据填入表5.1.3 中。

[注:实测二极管的正向特性时,其正向电流不得超过被测管正向电流参数(可通过晶体管参数手册查询),二极管 D 正向电压可在0～0.75 V 之间选取,0.5～0.75 V 之间应多测一些电压点。做反向特性实验时,二极管极性需反接,且其反向施压 U_D-可加到30 V 及以上,Proteus 软件中的直流电流表属性需设为微安级,将二极管反向特性实验数据填入表5.1.4 中。]

表 5.1.3　二极管正向特性实验数据

U_D+/V	0.10	0.30	0.50	0.55	0.60	0.65	0.70	0.75
I/mA(实测)								
I/mA(仿真)								

表 5.1.4　二极管反向特性实验数据

U_D-/V	-1	-3	-5	-10	-15	-20	-30
I/μA(实测)							
I/μA(仿真)							

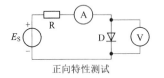 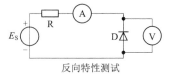

正向特性测试　　　　　　　　　　　　　反向特性测试

（a）二极管正反向特性实验电路原理图

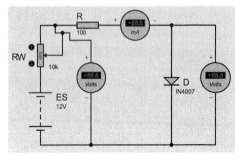 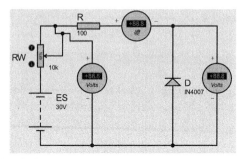

（b）仿真实验电路图

图5.1.4　半导体二极管的正反向伏安特性测量电路图

4.测定稳压二极管的伏安特性

将图5.1.4(a)中的二极管换成稳压二极管 IN4733A(其稳压值为5.1 V)，重复实验内容3的测量(图5.1.5 未画出正向特性测试电路图，请参考图5.1.4)。测量点自定。将数据填入表5.1.5和表5.1.6 中。[注:稳压(反向)特性测试时，其电源供电电压设置在10 V 以内测试。]

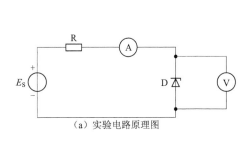

（a）实验电路原理图

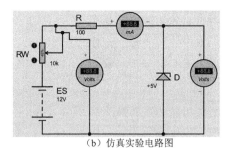

（b）仿真实验电路图

图5.1.5　稳压二极管特性实验图

表5.1.5　稳压二极管正向特性实验数据

U_D +/V						
I/mA(实测)						
I/mA(仿真)						

表5.1.6　稳压二极管反向(稳压)特性实验数据

U_D -/V						
I/μA(实测)						
I/μA(仿真)						

【思考题】

(1)线性电阻与非线性电阻的概念是什么?

(2)电阻元件与二极管的伏安特性有何区别?

(3)稳压二极管与普通二极管有何区别?其用途如何?

【实验报告要求】

(1)根据所测得的所有实验数据,分别在方格纸上认真绘制出光滑的伏安特性曲线。(其中二极管和稳压二极管的正、反向特性均要求画在同一张图中,正、反向电压可取为不同的比例尺)。

(2)根据实验结果,总结、归纳各被测元器件的特性。

(3)进行必要的误差分析。

5.2　电压源、电流源伏安特性研究及等效变换

【实验目的】

(1)熟悉理想电压源和电流源的定义。

(2)掌握电压源和电流源伏安特性和外特性的测试方法。

(3)验证电压源与电流源等效变换的条件。

【实验器材】

稳压电源(0~30 V,0~3 A,一台);恒流源(0~1 A,一个);万用表(一块);电压表(0~30 V)和电流表(毫安级)(各一块);面包板(一块);可调电阻(0~500 Ω,一个);固定电阻、导线(若干)。

【实验原理】

1.理想电源

理想电压源:理想的二端元件,输出电压不受外电路影响,只依照自己固有随时间变化的规律而变化的电源。特点:(1)理想电压源的端电压是常数或是时间的函数不变,与电流无关;(2)理想电压源的输出电流和输出功率取决于与它连接的外电路。(注:理想电压源不可进行短路连接。)

理想电流源:理想的二端元件,通过的电流不受外电路影响,只依照自己固有随时间变化的规律而变化的电源。特点:(1)理想电流源输出的电流是常数或是时间的函数不变,与电压无关;(2)理想电流源的输出电压和输出功率取决于与它连接的外电路。(注:理想电流源不可开路。)

2.实际电源

实际电压源(或电流源),其端电压(或输出电流)不可能不随负载而变,因为它具有一定的

内阻值。故在实验中,用一个小阻值的电阻(或大电阻)与稳压源(或恒流源)相串联(或并联)来模拟一个实际的电压源(或电流源),如图5.2.1和图5.2.2所示。

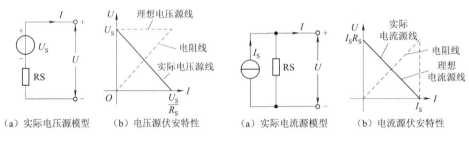

（a）实际电压源模型　（b）电压源伏安特性　　（a）实际电流源模型　（b）电流源伏安特性

图5.2.1　实际电压源　　　　　图5.2.2　实际电流源

3. 电压源与电流源转换

一个实际的电源,就其外部特性而言,既可以看成是一个电压源,又可以看成是一个电流源。若视为电压源,则可用一个理想的电压源 U_s 与一个电阻 RS 相串联的组合来表示;若视为电流源,则可用一个理想的电流源 I_s 与一电导 gS(电阻 RS 的倒数)相并联的组合来表示。如果这两种电源能向同样大小的负载供出同样大小的电流和端电压,则称这两个电源是等效的,即具有相同的外特性。

一个电压源和一个电流源等效变换的条件为

$$I_s = \frac{U_s}{R_s} \quad \text{或} \quad U_s = I_s R_s{}^{①}$$

电压源与电流源的转换如图5.2.3所示。

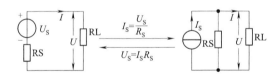

图5.2.3　电压源与电流源的转换

【实验内容】

1. 理想电源伏安特性测定

Proteus 软件中提供了理想电源的仿真模型,通过对模型的仿真测试,可获得理想电源的伏安特性。

（1）测定理想电压源伏安特性。按图5.2.4 在 Proteus 中画出电路图,设定 U_s 为6 V,改变 RL 的值,测量电压 U 和电流 I 的值,记入表5.2.1 中。根据上述电路,U_s 改用稳压电源,重复上述过程,将数据记入表5.2.1中。

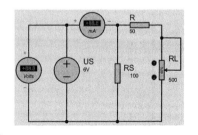

图5.2.4　电压源伏安特性
仿真电路图

———————————

① 公式中 R_s 与图5.2.3 中 RS 对应,下同。

表 5.2.1　电压源伏安特性记录表

R_L/Ω	0	50	100	200	300	400	500
I/mA（仿真）							
I/mA（实测）							
U/V（仿真）							
U/V（实测）							

（2）测定理想电流源伏安特性。按图 5.2.5 在 Proteus 中画出电路图，设定 I_S 为 0.2 A，调节 RL 的值，测出各种不同 RL 值时的电流 I 和电压 U，记入表 5.2.2 中。

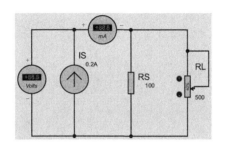

图 5.2.5　电流源伏安特性仿真测定电路图

表 5.2.2　电流源伏安特性记录表

R_L/Ω	0	5	10	20	30	40	50
I/mA							
U/V							

2. 测定实际电源的外特性

（1）测定实际电压源外特性。按图 5.2.6（a）接线，点画线框可模拟为一个实际的电压源。调节 RL2，令其阻值由大至小变化，记录两表的读数。按图 5.2.6（b）在 Proteus 中画出电路图，重复上述过程，将数据记入表 5.2.3 中。

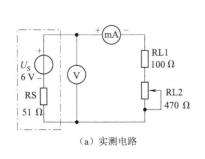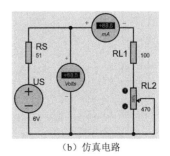

（a）实测电路　　　　　　　　（b）仿真电路

图 5.2.6　实际电压源实验电路

表 5.2.3   实际电压源外特性实验数据记录表

U/V						
I/mA(仿真)						
I/mA(实测)						

(2)测定实际电流源的外特性。按图 5.2.7(a)接线,点画线框可模拟为一个实际的电流源。I_S 为直流恒流源,调节其输出为 10 mA,令 RS 分别为 100 Ω 和∞（即接入和断开）,调节电位器 RL(从 0 至 470 Ω),测出这两种情况下的电压表和电流表的读数。按图 5.2.7(b)在 Proteus 软件中画好仿真电路,亦测 RS 分别为 100 Ω 和∞两种情况下的电压表和电流表的读数。将所测数据记入表 5.2.4中。

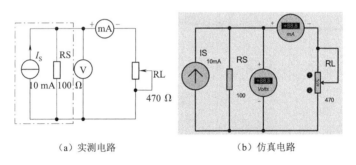

（a）实测电路   （b）仿真电路

图 5.2.7   实际电流源实验电路

表 5.2.4   实际电流源外特性实验数据记录表

U/V						
I/mA(仿真)						
I/mA(实测)						

3. 测定电源等效变换的条件

先按图 5.2.8(a)所示电路接线,记录电路中两表的读数。然后再按图 5.2.8(b)接线。调节恒流源的输出电流 I_S,使两表的读数与图 5.2.8(a)时的数值相等,记录 I_S 的值,验证等效变换条件的正确性。

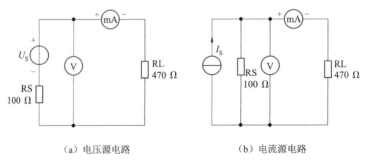

（a）电压源电路   （b）电流源电路

图 5.2.8   电源等效变换测试电路

实验过程中需要注意以下几点：

(1)在测电压源外特性时,不要忘记测空载时的电压值;测电流源外特性时,不要忘记测短路时的电流值,注意恒流源负载电压不要超过 20 V,负载不要开路。

(2)换接线路时,必须关闭电源开关。

(3)直流仪表的接入应注意极性、量程和接入方式。

【思考题】

(1)通常直流稳压电源的输出端不允许短路,直流恒流源的输出端不允许开路,为什么?

(2)电压源与电流源的外特性为什么呈下降变化趋势,稳压源与恒流源的输出在任何负载下是否保持恒值?

【实验报告要求】

(1)根据实验数据绘出电源的伏安特性、外特性曲线,并总结、归纳各类电源的特性。

(2)从实验结果,验证电源等效变换的条件。

5.3　基尔霍夫定律的验证

【实验目的】

(1)验证基尔霍夫定律的正确性,加深对基尔霍夫定律的理解。

(2)学会用电流表、电压表测量各支路电流、电压的方法。

【实验器材】

直流电压表 0～20 V(三块);直流毫安表(三块);恒压源(+6 V, +12 V,0～30 V,各一个);面包板(一块);二极管(一只);电阻元件、导线(若干)。

【实验原理】

基尔霍夫定律包括基尔霍夫电流定律(KCL)和基尔霍夫电压定律(KVL)。其具体内容如下:

基尔霍夫电流定律(简记为 KCL):所有进入某节点的电流的总和等于所有离开这个节点的电流的总和,即所有涉及这个节点的电流的代数和等于零。用公式表示如下:

$$\sum I = 0$$

基尔霍夫电压定律(简记为 KVL):沿着闭合回路的所有电动势的代数和等于所有电压降的代数和。用公式表示如下:

$$\sum U = 0$$

运用上述定律时必须注意电流的正方向,此方向可预先任意设定。

基尔霍夫定律实验原理图如图 5.3.1 所示。基尔霍夫定律 Proteus 仿真电路图如图 5.3.2 所示。

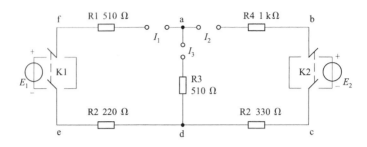

图 5.3.1　基尔霍夫定律实验电路图

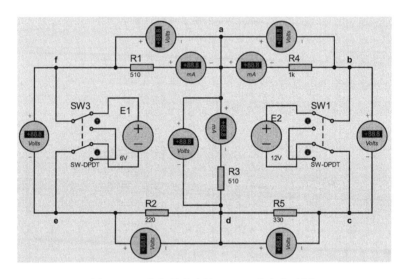

图 5.3.2　基尔霍夫定律 Proteus 仿真电路图

【实验内容】

(1)实验前先任意设定三条支路的电流参考方向(通常在电路网孔中以顺时针方向选择作为参考方向),如图 5.3.1 中的 I_1、I_2、I_3 所示,并熟悉线路结构,掌握各开关的操作使用方法。

(2)在面包板上将电阻按电路图分别插在相应处,分别将 E_1、E_2 两路直流稳压源(E_1 为 +6 V, +12 V 切换电源,E_2 接 0～30 V 可调直流稳压源)接入电路,令 $E_1 = 6$ V,$E_2 = 12$ V。

(3)熟悉电源插头的结构,将电流插头的两端接至数字毫安表的"+、-"两端。

(4)将电流插头分别插入三条支路的三个电流插座中,读出并记录电流值。

(5)用直流数字电压表分别测量两路电源及电阻元件上的电压值,将数据记入表 5.3.1 中。

表 5.3.1　基尔霍夫定律实验数据记录表

待测量	I_1/mA	I_2/mA	I_3/mA	U_{R1}/V	U_{R2}/V	U_{ab}/V	U_{cd}/V	U_{ad}/V	U_{de}/V	U_{fa}/V
计算值										
相对误差										

实验中需要注意以下几点:

（1）所有需要测量的电压值，均以电压表测量的读数为准，不以电源表盘指示值为测量的电压值。

（2）防止电源两端碰线短路。

（3）若用指针式电流表进行测量时，要识别电流插头所接电流表的"＋、－"极性，倘若不换接极性，则电流表指针可能反偏（电流为负值），此时必须调换电流表表笔极性，重新测量，此时指针正偏，但读得的电流值必须冠以负号。

（4）用电流表测量各支路电流时，应注意仪表的极性及数据表中"＋、－"号的记录。

（5）注意仪表量程和连接方式。

【思考题】

实验中，若用万用表直流毫安挡测各支路电流，什么情况下可能出现毫安表指针反偏，应如何处理？ 在记录数据时应注意什么？ 若用直流数字毫安表进行测量时，则会有什么显示？

【实验报告要求】

（1）根据实验数据，选定实验电路中的任一个节点，验证 KCL 的正确性。

（2）根据实验数据，选定实验电路中的任一个闭合回路，验证 KVL 的正确性。

（3）分析误差原因。

5.4　叠加定理的验证

【实验目的】

（1）进一步熟悉电流表、电压表测量各支路电流和电压的方法。

（2）验证线性电路叠加定理的正确性，从而加深对线性电路的叠加性和齐次性的认识和理解。

【实验器材】

直流电压表（0～20 V，一块）；直流毫安表（一块）；恒压源（＋6 V，＋12 V，0～30 V，各一个）；面包板（一块）；万用表（一块）；电阻元件（若干）。

【实验原理】

叠加定理指出：在有几个独立源共同作用下的线性电路中，通过每一个元件的电流或其两端的电压，可以看成是由每一个独立源单独作用时在该元件上所产生的电流或电压的代数和。

线性电路的齐次性是指当激励信号（某独立源的值）增加或减小 K 倍时，电路的响应（即在电路其他各电阻元件上所建立的电流和电压值）也将增加或减小 K 倍。

叠加定理实验原理图如图 5.4.1 所示。叠加定理 Proteus 仿真电路图如图 5.4.2 所示。

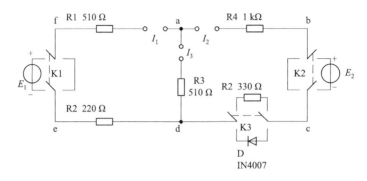

图 5.4.1 叠加定理实验原理图

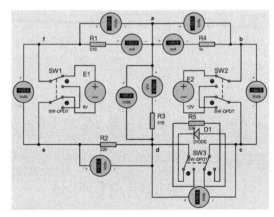

图 5.4.2 叠加定理 Proteus 仿真电路图

【实验内容】

(1)E_1为 +6 V、+12 V 切换电源,取 E_1= +12 V;E_2 为可调直流稳压电源,调至 +6 V。

(2)令 E_1 电源单独作用时(将开关 K1 投向 E_1 侧,开关 K2 投向短路侧),用直流电压表和毫安表(接电流插头)测量各支路电流及各电阻元件两端的电压。

(3)令 E_2 电源单独作用时(将开关 K1 投向短路侧,开关 K2 投向 E_2 侧),重复实验内容上述的测量和记录。

(4)令 E_1 和 E_2 共同作用时(开关 K1 和 K2 分别投向 E_1 和 E_2 侧),重复上述的测量和记录。

(5)将 E_2 的数值调至 +12 V,重复上述(2)~(4)的测量并记录。将数据记入表 5.4.1 中。

表 5.4.1 叠加定理数据记录表

实验内容	测量项目									
	E_1/V	E_2/V	I_1/mA	I_2/mA	I_3/mA	U_{ab}/V	U_{cd}/V	U_{ad}/V	U_{de}/V	U_{fa}/V
E_1 单独作用										
E_2 单独作用										
E_1、E_2 共同作用										
2E_2 单独作用										

实验中需要注意以下几点:

(1)所有需要测量的电压值,均以电压表测量的读数为准,不以电源表盘指示值为测量的电压值。

(2)防止电源两端碰线短路。

(3)若用指针式电流表进行测量时,要识别电流插头所接电流表的"+、−"极性,倘若不换接极性,则电流表指针可能反偏(电流为负值时),此时必须调换电流表极性,重新测量,此时指针正偏,但读得的电流值必须冠以负号。

(4)用电流表测量各支路电流时,应注意仪表的极性及数据表格中"+、−"号的记录。

(5)注意仪表量程和连接方式。

【思考题】

(1)叠加定理中 E_1、E_2 分别单独作用,在实验中应如何操作? 可否直接将不作用的电源(E_1 或 E_2)置零(短接)?

(2)实验电路中,若有一个电阻元件改为二极管,试问叠加定理的叠加性与齐次性还成立吗? 为什么?

(3)实验中为何强调电路的线性问题,5.3 节中的实验是否需要考虑线性问题。

【实验报告要求】

(1)根据实验数据表格,分析、比较、归纳、总结实验结论,即验证线性电路的叠加性与齐次性。

(2)各电阻元件所消耗的功率能否用叠加定理计算得出? 试用上述实验数据,进行计算并给出结论。

(3)分析误差原因。

5.5 戴维南定理和诺顿定理的验证

【实验目的】

(1)验证戴维南定理和诺顿定理,加深对戴维南定理和诺顿定理的理解。

(2)掌握有源二端口网络等效电路参数的测量方法。

【实验器材】

直流电压表(0~20 V,一块);直流毫安表(一块);恒压源(+6 V,+12 V,0~30 V,各一个);面包板(一块);万用表(一块);电阻元件(330 Ω、510 Ω、10 Ω,若干)。

【实验原理】

(1)任何一个线性含源网络,如果仅研究其中一条支路的电压和电流,则可将电路的其余部分看作是一个有源二端口网络(或称为有源二端网络)。

戴维南定理指出:任何一个线性有源二端网络,总可以用一个电压源和一个电阻的串联来等效代替,如图 5.5.1 所示。

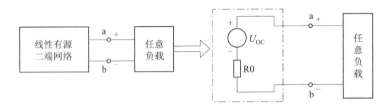

图 5.5.1 戴维南定理模型

其电压源的电动势 U_S 等于这个有源二端网络的开路电压 U_{OC},其等效内阻 R0 等于该网络中所有独立源均置零(理想电压源视为短路,理想电流源视为开路)时的等效电阻。

诺顿定理指出:任何一个线性有源二端网络,总可以用一个电流源与一个电阻的并联来等效代替,如图 5.5.2 所示。

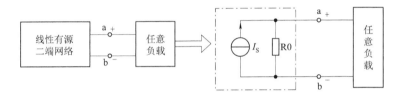

图 5.5.2 诺顿定理模型

其电流源的电流 I_S 等于这个有源二端网络的短路电流 I_{SC},其等效内阻 R0 定义同戴维南定理。$U_{OC}(U_S)$ 和 R_0 或者 $I_{SC}(I_S)$ 和 R_0 称为有源二端口网络的等效参数。

(2)有源二端网络等效参数的测量方法:

①开路电压、短路电流法测 R_0。在有源二端网络输出端开路时,用电压表直接测其输出端的开路电压 U_{OC},然后再将其输出端短路,用电流表测其短路电流 I_{SC},其等效内阻 $R_0 = U_{OC}/I_{SC}$。如果二端网络的内阻很小,若将其输出端口短路,则易损坏其内部元件,因此不宜采用此法。

②伏安法。测上述有源二端网络的外特性,即测量两个不同负载电阻 RL 流过的电流值和电压值,如图 5.5.3 所示。其中外特性曲线的延长线在纵坐标(电压坐标)上的截距是 U_{OC},在横坐标

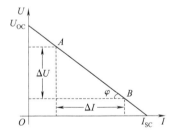

图 5.5.3 线性有源二端网络外特性曲线

(电流坐标)上的截距是 I_{SC},则可得 $R_0 = U_{OC}/I_{SC}$。或者求出外特性曲线斜率 $\tan \varphi$,则内阻为 $R_0 = \tan \varphi = \Delta U/\Delta I$。若二端网络的内阻值很低时,则不宜测其短路电流。

③半电压法测 R_0。如图 5.5.4 所示,当负载 RL 两端电压为被测网络开路电压的一半时,负载电阻(由电阻箱的读数确定)即为被测有源二端网络的等效内阻。

④零示法测 U_{OC}。在测量具有高内阻有源二端网络的开路电压时,用电压表直接测量会造成较大的误差。为了消除电压表内阻的影响,往往采用零示法,如图 5.5.5 所示。

零示法测量原理是用一低内阻的稳压电源与被测有源二端网络进行比较,当稳压电源的输出电压与有源二端网络的开路电压相等时,电压表的读数将为"0"。然后将电路断开,测量此时稳压电源的输出电压,即为被测有源二端网络的开路电压。

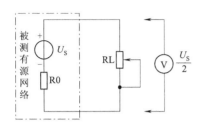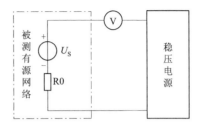

图 5.5.4　半电压法测内阻电路　　　　图 5.5.5　零示法测 U_{OC} 电路

【实验内容】

被测有源二端网络电路如图 5.5.6 所示。有源二端网络仿真实验电路如图 5.5.7 所示。

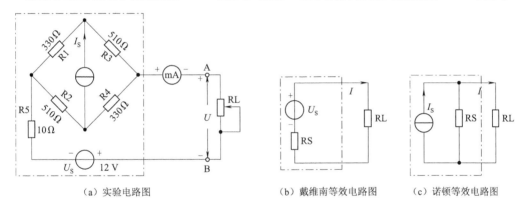

（a）实验电路图　　　　　　（b）戴维南等效电路图　　　　（c）诺顿等效电路图

图 5.5.6　被测有源二端网络电路

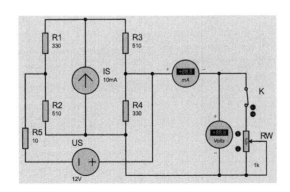

图 5.5.7　有源二端网络仿真实验电路

（1）用开路电压、短路电流法测定戴维南等效电路的参数 U_{OC}、R_0 和诺顿等效电路的参数 I_{SC}、R_0。按图 5.5.6（a）接入稳压电源 $U_{S2} = 10$ V 和恒流源 $I_{S2} = 10$ mA。接入负载 RL（自己选定）。

测出 U_{OC} 和 I_{SC}，并计算出 R_0（测 U_{OC} 时，不接入毫安表），将测量数据记入表 5.5.1。

表 5.5.1 开路电压、短路电流法测定 U_{OC}、R_0 和 I_{SC}、R_0

U_{OC}/V	I_{SC}/mA	$R_0 = \dfrac{U_{OC}}{I_{SC}} \bigg/ \Omega$

（2）负载实验。按图 5.5.6（a）接入 RL，改变 RL 阻值，测量有源二端网络的外特性曲线，将测量数据记入表 5.5.2 中。

表 5.5.2 有源二端网络的外特性曲线测量

R_L/Ω						
U/V						
I/mA						

（3）验证戴维南定理：用一只 470 Ω 的电位器作为 R0，将其阻值调整到等于按实验内容（1）所得的等效电阻 R0 之值，然后令其与直流稳压电源 U_{S1} [调到实验内容（1）时所测得的开路电压 U_{OC} 之值]相串联，如图 5.5.6（b）所示，把 U_{S1} 和 RL 串联成一个回路。仿照实验内容（2）测其外特性，对戴维南定理进行验证。将测量数据记入表 5.5.3 中。

表 5.5.3 戴维南定理验证

R_L/Ω						
U/V						
I/mA						

（4）验证诺顿定理：用一只 470 Ω 的电位器作为 R0，将其阻值调整到等于按实验内容（1）所得的等效电阻 R0 之值，然后将其与直流恒流源 I_{S1} [调到实验内容（1）时所测得的短路电流 I_{SC} 之值]相并联，如图 5.5.6（c）所示，把 I_{S1} 和 R0 并联然后再与 RL 串联。调整不同的 RL 阻值测电路的外特性，从而验证诺顿定理。将测量数据记入表 5.5.4 中。

表 5.5.4 诺顿定理验证

R_L/Ω						
U/V						
I/mA						

（5）有源二端网络等效电阻（又称入端电阻）的直接测量法。如图 5.5.6（a）所示电路，将被测有源网络的所有独立源置零（即断开电流源 I_S，短路电压源 U_S），然后用伏安法或者直接用万用表的欧姆挡去测定负载 RL 开路时 A、B 两点间的电阻值，即为被测网络的等效内阻 R0。

（6）用半电压法和零示法测量被测网络的等效内阻 R0 及其开路电压 U_{OC}。线路及数据表格自拟。

实验中需要注意以下几点：

(1)测量时,应注意电流表量程的更换。

(2)步骤(5)中,电压源置零时不可将稳压源短接。

(3)用万用表直接测 R0 时,网络内的独立源必须先置零,以免损坏万用表;其次,欧姆表必须经调零后再进行测量。

(4)改接线路时,要关掉电源。

【思考题】

(1)在求戴维南或诺顿等效电路时,作短路实验,测 I_{SC} 的条件是什么？在本书实验中,可否直接作负载短路实验？请实验前对图 5.5.6 所示电路预先做好计算,以便调整实验电路及测量时可准确地选取电表的量程。

(2)说明测有源二端网络开路电压及等效内阻的几种方法,并比较其优缺点。

【实验报告要求】

(1)根据实验内容(2)～实验内容(4),分别绘出曲线,验证戴维南定理和诺顿定理的正确性,并分析产生误差的原因。

(2)根据实验内容(1)、实验内容(5)、实验内容(6)的几种方法测得 U_{OC} 与 R0 与预习时电路计算的结果进行比较。

(3)归纳、总结实验结果。

5.6* 　受控源的研究

【实验目的】

(1)熟悉四种受控源的基本特性,掌握受控源转移参数的测试方法。

(2)加深对受控源的认识和理解。

【实验器材】

万用表(一块);电流表(毫安级,一块);电压表(一块);电压控电压源(VCVS)、电压控电流源(VCCS)、电流控电压源(CCVS)、电流控电流源(CCCS)(各一块);电阻和导线(若干)。

【实验原理】

(1)电源有独立电源(如电池、发电机等,简称"独立源")与非独立电源(又称受控源)之分。

受控源与独立源的不同点是:独立源的电动势 E_s 或电流 I_s 是某一固定的数值或是时间的某一函数,它不随电路其余部分的状态而变。而受控源的电动势或电流则是随电路中另一支路的电压或电流而变的一种电源。

受控源又与无源元件不同,无源元件两端的电压和它自身的电流有一定的函数关系,而受控源的输出电压或电流则和另一支路(或元件)的电流或电压有某种函数关系。

（2）独立源与无源元件是二端器件，受控源则是四端器件（又称双口元件）。它有一对输入（U_1、I_1）和一对输出（U_2、I_2）。输入端可以控制输出端电压或电流的大小。施加于输入端的控制量可以是电压或电流，因而有两种受控电压源[即电压控制电压源（VCVS）和电流控制电压源（CCVS）]和两种受控电流源[即电压控制电流源（VCCS）和电流控制电流源（CCCS）]。示意图如图5.6.1所示。

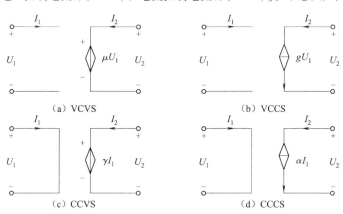

图 5.6.1　四种受控源示意图

（3）当受控源的输出电压（或电流）与控制支路的电压（或电流）成正比变化时，则称该受控源是线性的。理想受控源的控制支路中只有一个独立变量（电压或电流），另一个独立变量等于零，即从输入端看，理想受控源或者是短路（即输入电阻 $R_1=0$，因而 $U_1=0$）或者是开路（即输入电导 $G_1=0$，因而 $I_1=0$）；从输出端看，理想受控源或是一个理想电压源或是一个理想电流源。

（4）控制端与受控端的关系式称为转移函数。四种受控源的转移函数参量的定义如下：

电压控电压源（VCVS）：$U_2=f(U_1)$，$\mu=U_2/U_1$ 称为转移电压比。

电压控电流源（VCCS）：$I_2=f(U_1)$，$g=I_2/U_1$ 称为转移电导。

电流控电压源（CCVS）：$U_2=f(I_1)$，$r=U_2/I_1$ 称为转移电阻。

电流控电流源（CCCS）：$I_2=f(I_1)$，$\alpha=I_2/I_1$ 称为转移电流比（或电流增益）。

【实验内容】

（1）测量受控源 VCVS 的转移特性 $U_2=f(U_1)$ 及负载特性 $U_2=f(I_L)$，测量电路如图5.6.2(a)所示。

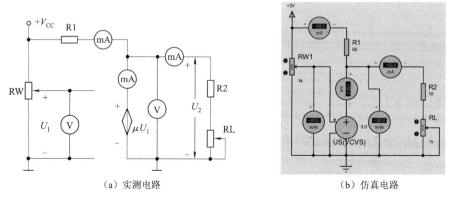

（a）实测电路　　　　　　　　　（b）仿真电路

图 5.6.2　受控源 VCVS 的转移特性及负载特性测量电路

①不接电流表,固定 $R_L = 1\,\text{k}\Omega$,调节稳压电源输出电压 U_1,测量相应的 U_2 值,记入表5.6.1中。在方格纸上绘制电压转移特性曲线 $U_2 = f(U_1)$,并在其线性部分求出转移电压比 μ。

表 5.6.1　受控源 VCVS 的转移特性测量

U_1/V	0	1	2	3	4	5	6	7	8	μ
U_2/V										

②接入电流表,保持 $U_1 = 3\,\text{V}$,调节 R_L 的阻值,测量 U_2 及 I_L,记入表5.6.2中,绘制负载特性曲线 $U_2 = f(I_L)$。

表 5.6.2　受控源 VCVS 的负载特性测量

R_L/Ω	50	70	100	200	300	400	500	∞
U_2/V								
I_L/mA								

(2)测量受控源 VCCS 的转移特性 $I_2 = f(U_1)$ 及负载特性 $I_L = f(U_2)$,测量电路如图5.6.3(a)所示。

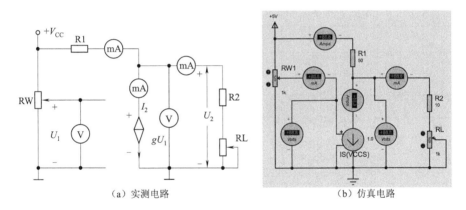

（a）实测电路　　　　　　　　（b）仿真电路

图 5.6.3　受控源 VCCS 的转移特性及负载特性测量电路

①固定 $R_L = 1\,\text{k}\Omega$,调节稳压电源的输出电压 U_1,测出相应的 I_L 值,记入表5.6.3中,绘制 $I_2 = f(U_1)$ 曲线,并由其线性部分求出转移电导 g。

表 5.6.3　受控源 VCCS 的转移特性测量

U_1/V	2.8	3.0	3.2	3.5	3.7	4.0	4.2	4.5
I_L/mA								
g								

②保持 $U_1 = 3\,\text{V}$,令 R_L 从大到小变化,测出相应的 I_L 及 U_2,记入表5.6.4中,绘制 $I_L = f(U_2)$ 曲线。

表 5.6.4　受控源 VCCS 的负载特性测量

$R_L/\text{k}\Omega$	1	0.8	0.7	0.6	0.5	0.4	0.3	0.2	0.1	0
I_L/mA										
U_2/V										

（3）测量受控源 CCVS 的转移特性 $U_2 = f(I_1)$ 及负载特性 $U_2 = f(I_L)$，测量电路如图 5.6.4(a) 所示。

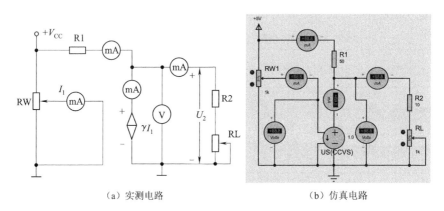

（a）实测电路　　　　　　　　　（b）仿真电路

图 5.6.4　受控源 CCVS 的转移特性及负载特性测量电路

①固定 $R_L = 1 \text{ k}\Omega$，调节恒流源的输出电流 I_S，使其在 $0.05 \sim 0.7$ mA 范围内取 8 个数值，测出 U_2 值，记入表 5.6.5 中，绘制 $U_2 = f(I_1)$ 曲线，并由其线性部分求出转移电阻 r。

表 5.6.5　受控源 CCVS 的转移特性测量

I_S/mA								
U_2/V								

②保持 $I_S = 0.5$ mA，令 R_L 从 1 kΩ 增至 8 kΩ，测出 U_2 及 I_L 值，记入表 5.6.6 中，绘制 $U_2 = f(I_L)$ 曲线。

表 5.6.6　受控源 CCVS 的负载特性测量

$R_L/\text{k}\Omega$								
U_2/V								
I_L/mA								

（4）测量受控源 CCCS 的转移特性 $I_L = f(I_1)$ 及负载特性 $I_L = f(U_2)$，测量电路如图 5.6.5(a) 所示。

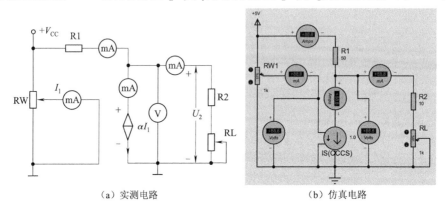

（a）实测电路　　　　　　　　　（b）仿真电路

图 5.6.5　受控源 CCCS 的转移特性及负载特性测量电路

①固定 $R_L = 1 \text{ k}\Omega$，调节恒流源的输出电流 I_S，使其在 $0.05 \sim 0.7 \text{ mA}$ 范围内取 8 个数值，测出 I_L 值，记入表 5.6.7 中，绘制 $I_L = f(I_1)$ 曲线，并由其线性部分求出转移电流比 α。

表 5.6.7　受控源 CCCS 的转移特性测量

I_1/mA								
I_L/mA								

②保持 $I_S = 0.05 \text{ mA}$，令 R_L 值从 $0 \ \Omega, 100 \ \Omega, 200 \ \Omega$ 增至 $20 \text{ k}\Omega$，测出 I_L 值，记入表 5.6.8 中，绘制 $I_L = f(U_2)$ 曲线。

表 5.6.8　受控源 CCCS 的负载特性测量

$R_L/\text{k}\Omega$	0	0.2	0.4	0.6	0.8	1	2	5	10	20
I_L/mA										
U_2/V										

实验中需要注意以下几点：

(1)每次组装线路，必须事先断开供电电源，但不必关闭电源总开关。

(2)用恒流源供电的实验中，不要使恒流源的负载开路。

【思考题】

(1)受控源和独立源相比有何异同点？比较四种受控源的控制量与被控量的关系如何？

(2)四种受控源中的 r、g、α 和 μ 的意义是什么？如何测得？

(3)若受控源控制量的极性反向，试问其输出极性是否发生变化？

(4)受控源的控制特性是否适合于交流信号？

(5)如何由两个基本的 CCVS 和 VCCS 获得其他两个 CCCS 和 VCVS，它们的输入/输出应如何连接？

【实验报告要求】

(1)根据实验数据，在方格纸上分别绘出四种受控源的转移特性和负载特性曲线，并求出相应的转移参量。

(2)对实验的结果做出合理的分析并得出结论，总结对四种受控源的认识和理解。

5.7　一阶 RC 电路的暂态过程研究

【实验目的】

(1)测定一阶 RC 电路的零输入响应、零状态响应及完全响应。

(2)学习电路时间常数的测量方法。

(3)掌握有关微分电路和积分电路的概念。

(4)进一步学会用示波器观测波形。

【实验器材】

双踪数字示波器(一台);信号发生器(一台);面包板(一块);电阻元件、电容元件(若干)。

【实验原理】

1. RC 串联电路的暂态过程

如图 5.7.1 所示电路中,暂态过程是电容的充放电过程,当用一序列方波对该电路进行激励,在方波上半周期,方波电源 E 对电容 C 进行充电,若此时的电容原状态为零,则此为零状态响应过程;在方波下半周期,方波电压为零,电容对地放电,这一过程为零输入响应。

(1)充电过程

充电过程回路方程如下:

$$RC\frac{\mathrm{d}u_\mathrm{C}}{\mathrm{d}t} + u_\mathrm{C} = E$$

由初始条件 $t = 0$ 时,$u_\mathrm{C} = 0$,可得

$$u_\mathrm{C} = E\left(1 - \mathrm{e}^{-\frac{1}{RC}}\right), u_\mathrm{R} = E\mathrm{e}^{-\frac{1}{RC}}$$

由以上两式可见,u_C 随时间 t 按指数规律增长,u_R 随时间 t 按指数规律衰减,如图 5.7.1(a)所示。

(2)放电过程

放电过程回路方程如下:

$$RC\frac{\mathrm{d}u_\mathrm{C}}{\mathrm{d}t} + u_\mathrm{C} = 0$$

由初始条件 $t = 0$ 时,$u_\mathrm{C} = E$,可得

$$u_\mathrm{C} = E\mathrm{e}^{-\frac{1}{RC}}, u_\mathrm{R} = -E\mathrm{e}^{-\frac{1}{RC}}$$

由以上两式可见,u_C 随时间 t 按指数规律衰减,u_R 随时间 t 按指数规律反方向衰减,如图 5.7.1(c)所示。

从上面可以看出,RC 是可以表征充放电这一暂态过程快慢的重要物理量,通常定义它为时间常数 τ。

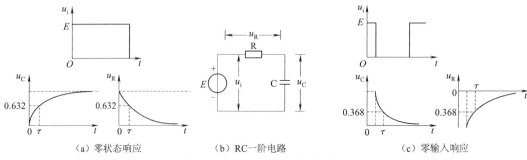

(a)零状态响应　　　　　(b)RC一阶电路　　　　　(c)零输入响应

图 5.7.1　RC 一阶电路及其响应

2.时间常数 τ 的测定方法

实验中直接测定时间常数 τ 的值不准确,常用另一与时间常数相关的且较易测量的特征值——半衰期 $T_{1/2}$ 的测量来完成对 τ 的测定。

所谓半衰期,即当 u_C 下降到初值(或上升至终值)一半时所需的时间。与 τ 的关系如下:

$$T_{1/2} = \tau\ln2 = 0.693\tau \quad \text{或} \quad \tau = 1.443T_{1/2}$$

上述 RC 串联电路中,当信号从电容 C 两端输出时,则该 RC 电路为积分电路,如图 5.7.2(a)所示;当信号从电阻 R 两端输出时,则该 RC 电路为微分电路,如图 5.7.2(b)所示。

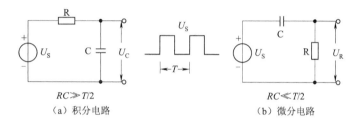

（a）积分电路 （b）微分电路

图 5.7.2 微积分电路

在方波序列脉冲的重复激励下,在积分电路中,当电路的参数满足 $\tau = RC \gg T/2$(T 为方波脉冲的重复周期)时,输出的信号波形为三角波;在微分电路中,当电路的参数满足 $\tau = RC \ll T/2$ 时,输出的信号波形为冲激脉冲信号。

从输入/输出波形来看,上述两个电路均起着波形变换的作用,请在实验过程中仔细观察和记录。

【实验内容】

实验电路如图 5.7.3 所示。

(1)积分电路验证。在图 5.7.3 所示电路中,任意选择 K1、K2 与 K5、K6 组合而成 RC 电路,将方波信号从 U_i 输入,用双踪示波器同时观察 U_i 和 U_o 信号。

先将信号发生器设定为方波,调节其信号频率 $f = 1$ kHz,调节电路输入的信号电压最大幅 $U_m = 3$ V。调节好示波器扫描频率,使其能显示一个完整周期波形,记录此时信号波形(在方格纸上按比例绘制出波形,并按示波器实际数值标清楚纵横轴对应数值,根据数值测出对应的时间常数 τ)。将数据填入表 5.7.1 中。

表 5.7.1 积分电路时间常数记录表

RC 组合	R1C3	R1C4	R2C3	R2C4
测量值 τ				
计算值 τ				

(2)微分电路验证。在图 5.7.3 所示电路中,任意选择 K3、K4 与 K7、K8 组合而成 RC 电路,将方波信号从 U_i 输入,用双踪示波器同时观察 U_i 和 U_o 信号。

先将信号发生器设定在方波,调节其信号频率 $f=1$ kHz,调节电路输入的信号电压最大幅值 $U_m=3$ V。调节好示波器扫描频率,使其能显示一个完整周期波形,记录此时信号波形(在方格纸上按比例绘制出波形,并按示波器实际数值标清楚纵横轴对应数值,根据数值测出对应的时间常数 τ)。将数据填入表 5.7.2 中。

表 5.7.2 微分电路时间常数记录表

RC 组合	R1C3	R1C4	R2C3	R2C4
测量值 τ				
计算值 τ				

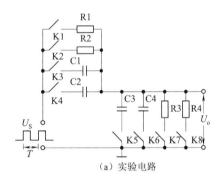
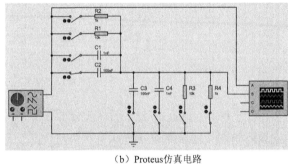

(a) 实验电路   (b) Proteus仿真电路

图 5.7.3 积分与微分电路的实验电路及仿真电路

实验中需要注意以下几点:

(1)调节电子仪器各旋钮时,动作不要过快、过猛。实验前,需熟读双踪示波器的使用说明书。特别是观察双踪时,要特别注意相应开关、旋钮的操作与调节。

(2)信号源的接地端与示波器的接地端要连在一起(称为共地),以防外界干扰而影响测量的准确性。

【思考题】

(1)什么样的电信号可作为 RC 一阶电路零输入响应、零状态响应和全响应的激励源?

(2)已知一阶 RC 电路 $R=10$ kΩ,$C=0.1$ μF,试计算时间常数 τ,并根据 τ 值的物理意义,拟订测量 τ 的方案。

(3)何谓积分电路和微分电路? 它们必须具有什么条件? 它们在方波序列脉冲的激励下,其输出信号波形的变化规律如何? 这两种电路有何功用?

【实验报告要求】

(1)根据实验观测结果,在方格纸上绘出一阶 RC 电路充放电时 U_c 或 R 的变化曲线,由曲线测得 τ 值,并与参数值的计算结果进行比较,分析误差原因。

(2)根据实验观测结果,归纳、总结积分电路和微分电路的形成条件,阐明波形变换的特征。

5.8* 二阶 RLC 串联电路暂态过程研究

【实验目的】

(1)学习用实验方法研究二阶动态电路的响应,了解电路元件参数对响应的影响。

(2)观察、分析二阶电路响应的三种状态轨迹及其特点,以加深对二阶电路的认识与理解。

【实验器材】

双踪数字示波器(一台);信号发生器(一台);面包板(一块);电阻元件、电容元件、导线(若干)。

【实验原理】

一个典型的二阶 RLC 串联电路如图 5.8.1 所示。分析其暂态过程需要在方波信号 u_s 的激励下进行,在 u_s 作用下其回路方程如下:

$$LC \frac{\mathrm{d}^2 u_C(t)}{\mathrm{d}t^2} + RC \frac{\mathrm{d}u_C(t)}{\mathrm{d}t} + u_C(t) = u_S$$

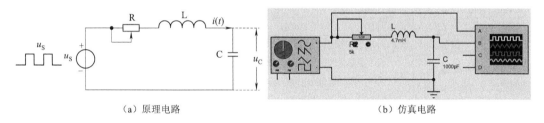

（a）原理电路　　　　　　　　　　　（b）仿真电路

图 5.8.1　二阶 RLC 串联电路暂态过程实验电路

求解微分方程,可以得出电容上的电压 $u_C(t)$。再根据 $i(t) = C \dfrac{\mathrm{d}U_C(t)}{\mathrm{d}t}$,求得 $i(t)$。改变初始状态和输入激励可得不同的二阶时域响应。全响应是零状态响应与零输入响应的叠加。

当 u_S 变为低电平半周期时,$u_S = 0$,而 u_C 充到 E,这时的电路处在放电过程,上述方程变为

$$LC \frac{\mathrm{d}^2 u_C(t)}{\mathrm{d}t^2} + RC \frac{\mathrm{d}u_C(t)}{\mathrm{d}t} + u_C(t) = 0$$

初始条件为:$t = 0$,$U_C(0) = E$,$\dfrac{\mathrm{d}u_C(t)}{\mathrm{d}t} = 0$,则上面方程的解可按 R 值的大小可分为三种情况:

(1) $R^2 < \dfrac{4L}{C}$ 时,为欠阻尼:$u_C(t) = \dfrac{1}{\sqrt{1 - \dfrac{C}{4L}R^2}} E e^{-\frac{t}{\tau}} \cos(\omega t + \varphi)$ (其中 $\tau = \dfrac{2L}{R}$,$\omega = \dfrac{1}{\sqrt{LC}}$

$\sqrt{1 - \dfrac{C}{4L}R^2}$)。

（2）$R^2 > \dfrac{4L}{C}$ 时，为过阻尼：$u_C(t) = \dfrac{1}{\sqrt{\dfrac{C}{4L}R^2 - 1}} E\mathrm{e}^{-\frac{t}{\tau}} \mathrm{sh}(\omega t + \varphi)$（其中 $\tau = \dfrac{2L}{R}, \omega = \dfrac{1}{\sqrt{LC}}$

$\sqrt{\dfrac{C}{4L}R^2 - 1}$）。

（3）$R^2 = \dfrac{4L}{C}$ 时，为临界阻尼：$u_C(t) = \left(1 + \dfrac{t}{\tau}\right) E\mathrm{e}^{-\frac{t}{\tau}}$。

图 5.8.2 为这三种情况下的 $u_C(t)$ 变化曲线。

如果当 $R^2 \ll \dfrac{4L}{C}$ 时，则欠阻尼曲线的振幅衰减很慢，能量的损耗较小。能够在 L 与 C 之间不断交换，可近似为 LC 电路的自由振荡，这时 $\omega \approx \dfrac{1}{\sqrt{LC}} = \omega_0$ 是 $R = 0$ 时 LC 回路的固有频率。

对于充电过程，与放电过程相类似，只是初始条件和最后平衡的位置不同。

图 5.8.3 所示为充电时不同阻尼的 $u_C(t)$ 变化曲线。

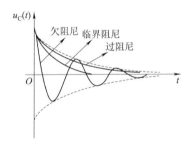

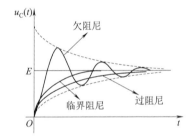

图 5.8.2　放电时 $u_C(t)$ 变化曲线示意图　　　图 5.8.3　充电时 $u_C(t)$ 变化曲线示意图

【实验内容】

按图 5.8.1 连接好电路，且使 $R = 10\ \mathrm{k\Omega}, L = 4.7\ \mathrm{mH}, C = 1\ 000\ \mathrm{pF}$，R 为 5 kΩ 可调电阻元件。调节信号发生器的输出为 $U_m = 6\ \mathrm{V}, f = 2\ \mathrm{kHz}$ 的方波脉冲信号，将信号送到电路的激励端，同时用同轴电缆线将激励端和响应输出端接至双踪示波器前的 YA 和 YB 两个输入口。

（1）根据上面选择的 L,C 值，调节 R 大小。观察三种阻尼振荡的波形。如果欠阻尼时振荡的周期数较少，则应重新调整 L,C 值。

（2）示波器测量欠阻尼时的振荡周期 T 和时间常数 τ。τ 值反映了振荡幅度的衰减速度，从最大幅度衰减到 0.368 倍的最大幅度处的时间即为 τ 值（τ 可采用 5.7 节中的方法测量），并进行记录。表格自拟。

实验中需要注意以下几点：

（1）调节 R 时，要细心、缓慢，临界阻尼要找准。可根据二阶电路实验电路元件的参数，计算出处于临界阻尼状态的 R 的值。

（2）观察双踪时，显示要稳定，如不同步，则可采用外同步法触发（可以参考示波器说明书）。

【思考题】

(1)欠阻尼、过阻尼、临界阻尼是怎样区分的?

(2)在示波器显示屏上,如何测得二阶电路零输入响应欠阻尼状态的衰减常数 α 和振荡频率 ω_0?

【实验报告要求】

(1)根据观测结果,在方格纸上描绘二阶电路过阻尼、临界阻尼和欠阻尼的响应波形。

(2)测算欠阻尼振荡曲线上的 α 与 ω_0。

(3)归纳、总结电路元件参数的改变,对响应变化趋势的影响。

5.9* 简单正弦交流电压、电流测量和功率因数提高

【实验目的】

(1)研究正弦稳态交流电路中电压、电流相量之间的关系。

(2)了解荧光灯电路的特点。

(3)理解改善电路功率因数的意义并掌握改善方法。

【实验器材】

自耦调压器(0 ~ 220 V,一个);交流电流表(0 ~ 5A,一块);交流电压表(0 ~ 300 V,一块);单相功率表(D34 – W 或其他,一块);白炽灯泡(40 W/220 V,三个);镇流器(与 40 W 灯管配用,一个);辉光启动器(与 40W 灯管配用,一个);电容器(4.7 μF/450 V,三个;1 μF、2.2 μF、3.3 μF、5.6 μF、68 μF/450 V,各一个);荧光灯灯管(40 W,一个);电源插座(三个);万用表(一块);导线(若干)。

【实验原理】

1. RC 串联电路

交流电路中电压、电流相量之间的关系在单相正弦交流电路中,各支路电流和回路中各元件两端的电压满足相量形式的基尔霍夫定律,即

$$\sum \dot{I} = 0 \quad 和 \quad \sum \dot{U} = 0$$

图 5.9.1 所示的 RC 串联电路,在正弦稳态信号 $\dot{U}$ 的激励下,电阻上的端电压 $\dot{U}_R$ 与电路中的电流 $\dot{I}$ 同相位,当 R 的阻值改变时,$\dot{U}_R$ 和 $\dot{U}_C$ 的大小会随之改变,但相位差总是保持90°,$\dot{U}_R$ 的相量轨迹是一个半圆,电压 $\dot{U}$、$\dot{U}_C$ 与 $\dot{U}_R$ 三者之间形成一个直角三角形,即 $\dot{U} = \dot{U}_R + \dot{U}_C$,相位角 $\varphi = \arctan(U_C/U_R)$。

改变电阻 R 时,可改变 φ 的大小,故 RC 串联电路具有移相的作用。

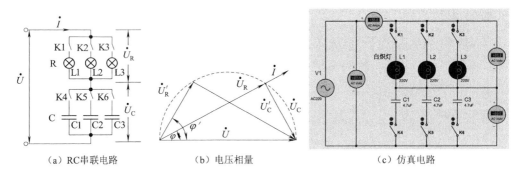

（a）RC串联电路　　　　　（b）电压相量　　　　　（c）仿真电路

图5.9.1　RC串联电路及相量

2. 交流电路的功率因数

交流电路的功率因数定义为有功功率与视在功率之比，即

$$\cos \varphi = P/S$$

式中，φ 为电路的总电压与总电流之间的相位差。

交流电路的负载多为感性（如荧光灯、电动机、变压器等），电感与外界交换能量本身需要一定的无功功率，因此功率因数比较低（$\cos \varphi < 0.5$）。从供电方面来看，在同一电压下输送给负载一定的有功功率时，所需电流较大；若将功率因数提高（$\cos \varphi = 1$），所需电流就可小一些。这样既可提高供电设备的利用率，又可减少线路的能量损失。所以，功率因数的大小关系到电源设备及输电线路能否得到充分利用。

为了提高交流电路的功率因数，可在感性负载两端并联适当的电容 C，如图 5.9.2 所示[图5.9.2(a)中虚线代表电容 C 可接入或不接入，在仿真电路图中则用开关 K 来仿真电容 C 接入情况]。并联电容 C 以后，对于原电路所加的电压和负载参数均未改变，但由于 I_C 的出现，电路的总电流 I 减小了，总电压与总电流之间的相位差 φ 减小了，功率因数 $\cos\varphi$ 得到了提高。

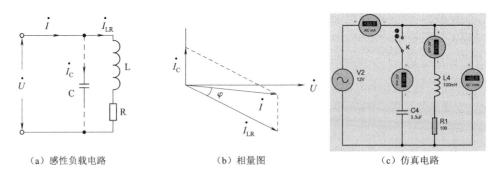

（a）感性负载电路　　　　　（b）相量图　　　　　（c）仿真电路

图5.9.2　提高功率因数示意图

3. 荧光灯电路及功率因数的提高

荧光灯电路由灯管 R、镇流器 L 和辉光启动器 S 组成，C 是补偿电容元件，用以改善电路的功率因数，如图 5.9.3 所示。其工作原理如下：当接通 220 V 交流电源时，电源电压通过镇流器施加于辉光启动器两电极上，使极间气体导电，可动电极（双金属片）与固定电极接触。由于两

电极接触不再产生热量,双金属片冷却复原使电路突然断开,此时镇流器产生一较高的自感电势经回路施加于灯管两端,而使灯管迅速起燃,电流经镇流器、灯管而流通。灯管起燃后,两端压降较低,辉光启动器不再动作,荧光灯正常工作。

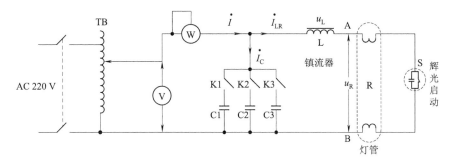

图 5.9.3　荧光灯电路功率因数的提高

【实验内容】

1. 验证电压三角形

用三只 40 W/220 V(内阻 $R = 1\ 210\ \Omega$)的白炽灯泡、六只开关和三只 4.7 μF/450 V 电容器组成如图 5.9.1(a)所示的实验电路,经指导教师检查无误后,接通市电,将自耦调压器输出调至 220 V。控制 K1 ~ K6,记录不同开关组合下的交流 U、U_R、U_C 值,验证电压三角形关系[见图 5.9.1(b)]。将数据记入表 5.9.1 中。在 Proteus 中,可采用图 5.9.1(c)所示电路进行仿真,表格自拟。

表 5.9.1　验证电压三角形关系($R = 1\ 210\ \Omega$)

负载情况 (开关闭合)	测量值				计算值			
	U/V	U_R/V	U_C/V	$\cos\varphi$	U'/V	U'_R/V	U'_C/V	$\cos\varphi$
K1K4								
K1K4K5								
K1K4K5K6								
K1K2K1								
K1K2K3K4K5K6								

2. 荧光灯电路接线与测量

按图 5.9.3 组成线路,经指导教师检查无误后,接通市电(交流 220 V),调节自耦调压器的输出,使其输出电压缓慢增大,直到荧光灯刚启辉点亮为止,按表 5.9.2 记录数据。然后将电压调至 220 V,测量功率 P 和 P_R,电流 I,电压 U、U_L、U_R 等值,计算镇流器等效电阻 r 和等效电感 L。

表 5.9.2　荧光灯电路的测量

荧光灯 工作状态	测　量　值					计　算　值	
	U/V	I/A	P_R/W	U_L/V	U_R/V	r/Ω	L/H
启辉状态							
正常工作							

3.电路功率因数的改善

按图5.9.2(a)接好实验电路。

经指导老师检查无误后,接通市电(交流220 V),将自耦调压器的输出调至220 V,记录功率表、电压表读数,通过一块电流表和三个电流插孔分别测得三条支路的电流,改变电容值,进行重复测量。将数据计记入表5.9.3中。在Proteus中,可采用图5.9.2(c)所示电路进行仿真,记录表格自拟。

表5.9.3　荧光灯功率因数的改善

电容值	测 量 数 值						计算值	
	P/W	U/V	I/A	I_L/A	I_C/A	$\cos\varphi$	I'/A	$\cos'\varphi$
1 μF								
2.2 μF								
3.3 μF								
4.7 μF								
5.6 μF								
6.8 μF								

实验中需要注意以下几点:

(1)本书实验用交流市电220 V,务必注意用电和人身安全。

(2)功率表要正确接入电路,读数时要注意量程和实际读数的折算关系。

(3)线路接线正确,荧光灯不能启辉时,应检查启辉器及其接触是否良好。

【思考题】

(1)荧光灯的启辉原理是什么?

(2)在日常生活中,当荧光灯上缺少了辉光启动器时,人们常用一根导线将辉光启动器的两端短接一下,然后迅速断开,使荧光灯点亮;或用一只辉光启动器去点亮多只同类型的荧光灯,这是为什么?

(3)为了提高电路的功率因数,常在感性负载上并联电容元件,此时增加了一条电流支路,试问电路的总电流是增大还是减小,此时感性元件上的电流和功率是否改变?

(4)提高电路功率因数为什么只采用并联电容法,而不用串联法? 所并联的电容元件是否越大越好?

(5)若荧光灯在正常电压下不能启动点亮,如何用电压表测出故障发生的位置? 试简述排除故障的过程。

【实验报告要求】

(1)完成数据表格中的计算,进行必要的误差分析。

(2)根据实验数据,分别绘出电压、电流相量图,验证相量形式的基尔霍夫定律。

(3)讨论改善电路功率因数的意义和方法。

(4)装接荧光灯线路的心得体会及其他。

5.10　串并联谐振电路幅频特性的研究

【实验目的】

(1)学习用实验方法测定 RLC 串并联电路的幅频特性曲线。

(2)依据电路发生谐振的条件、特点,通过实验掌握测定谐振频率的方法。

(3)掌握电路通频带 Δf、品质因数 Q 的意义及其测定方法。

【实验器材】

双踪示波器(一台);信号发生器(一台);交流毫伏表(一块);频率计(一台);电阻(100 Ω, 200 Ω,各一个);电容(0.033 μF,一个);电感(9 mH,一个);面包板(一块);导线(若干)。

【实验原理】

如图 5.10.1 所示电路中,当正弦交流信号 u_i 的频率 f 改变时,电路中的感抗、容抗随之而变,电路中的电流也随频率 f 而变,取电阻 R 上的电压 u_o 为输出,以频率 f 为横坐标,输出电压 u_o 为纵坐标,绘出光滑的曲线,即为输出电压的幅频特性,如图 5.10.2 所示。

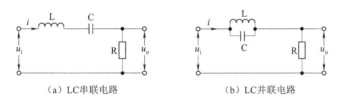

(a) LC串联电路　　　　　　　　(b) LC并联电路

图 5.10.1　RLC 串并联电路图

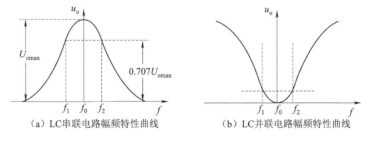

(a) LC串联电路幅频特性曲线　　　(b) LC并联电路幅频特性曲线

图 5.10.2　幅频特性

1.谐振

对于 LC 串联谐振电路,当 $f = f_0 = \dfrac{1}{2\pi\sqrt{LC}}$ 时,$X_L = X_C$,电路发生谐振。f_0 称为谐振频率,即幅频特性曲线尖峰所在的频率点,此时电路呈纯阻性,电路的阻抗最小。在输入电压 u_i 一定时,电路中的电流 i 达到最大值,且输出电压 u_o 与输入电压 u_i 同相位。这时,$U_o = RI = U_i$,$U_L = U_C = QU_i$,其中 Q 称为电路的品质因数。

对于 LC 并联谐振电路,当 $f = f_0 = \dfrac{1}{2\pi\sqrt{LC}}$ 时,电路亦发生谐振。此时电路亦呈纯阻性,且此时电路的阻抗最大。

2. 电路品质因数 Q 值的测量方法

(1) 根据 $Q = \dfrac{U_L}{U_i} = \dfrac{U_C}{U_i}$ 测定,其中 U_L、U_C 分别为谐振时电感 L 和电容 C 上的电压有效值。

(2) 通过测量谐振曲线的通频带宽度 $\Delta f = f_2 - f_1$,再根据 $Q = \dfrac{f_0}{\Delta f}$,求出 Q 值。其中 f_0 为谐振频率,f_2 和 f_1 分别是 U_o 下降到峰值 0.707 处时对应的频率,分别称为上限截止频率、下限截止频率,如图 5.10.2 所示。

在图 5.10.2 所示的幅频特性中,Q 值越大,曲线越尖锐,通频带越窄,电路的选择性越好。电路的品质因数、选择性与通频带只决定于电路本身的参数,而与信号源无关。

【实验内容】

按图 5.10.3 分别搭建 LC 串联和 LC 并联实验电路,用交流毫伏表测电阻 R 两端电压,用双踪示波器同时监视电路的输入信号和输出信号的幅值,并保持信号发生器的输出信号幅度峰-峰值在频率改变过程中始终等于 1 V。

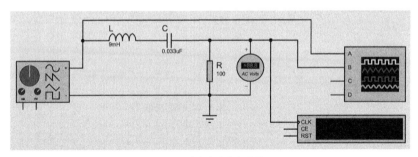

(a) LC 串联电路仿真实验图

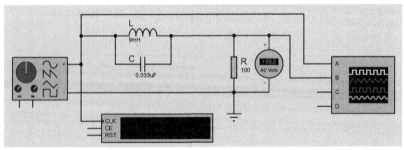

(b) LC 并联电路仿真实验图

图 5.10.3　谐振仿真实验电路

1. 电路谐振频率的测定

将毫伏表接在电阻 R 两端,调节信号发生器的频率,由低逐渐变高(注意:要维持信号发生器的输出幅度不变)。当毫伏表的读数最大(或示波器显示幅度最大)时,读取信号发生器上显示的频率,即为电路的谐振频率 f_0 ,并用毫伏表测量此时的 U_L 与 U_C 的值(注意:及时更换毫伏表的量程,或用示波器观测 L 和 C 上的峰值),将数据记入表 5.10.1 中。

2. 测试电路的幅频特性

在谐振点两侧,将信号发生器的输出频率逐渐递增和递减 500 Hz(或 1 kHz),依次各取 6 ~ 8 个频率点,用毫伏表逐点测出 U_o 、 U_L 与 U_C 的值,将数据记入表 5.10.1 中。在坐标纸上画出幅频特性,并计算电路的 Q 值。

表 5.10.1 幅频特性的测定

项目		f/kHz						f_0					
仿真数据	U_o/V												
实测数据													
仿真数据	U_L/V												
实测数据													
仿真数据	U_C/V												
实测数据													

3. Q 值改变时幅频特性的测定

在图 5.10.3 所示电路中,把电阻 R 改为 200 Ω,电感、电容参数不变。实验内容 1、实验内容 2 的测试过程,将数据记入表 5.10.2 中。在坐标纸上画出幅频特性,计算电路的 Q 值,并与按表 5.10.1 画出的幅频特性比较。

表 5.10.2 Q 值改变时幅频特性的测定

项目		f/kHz						f_0					
仿真数据	U_o/V												
实测数据													
仿真数据	U_L/V												
实测数据													
仿真数据	U_C/V												
实测数据													

4. 测试电路的相频特性

保持图 5.10.3 所示电路中的参数。以 f_0 为中心,调整输入电压源的频率分别为 5 kHz 和 15 kHz。从示波器上显示的电压、电流波形测出每个频率点上电压与电流的相位差 $\varphi = \varphi_u - \varphi_i$,并将波形描绘在坐标纸上。

实验中需要注意以下几点:

(1)测试频率点的选择应在靠近谐振频率附近多取几点。在信号频率变换时,应调整信号发生器的输出幅度(用示波器监视),使其维持在 1 V 的输出。

(2)若用毫伏表测量,在测量 U_L 和 U_C 数值前,应将毫伏表的量程改大约 10 倍,而且,在测量 U_L 与 U_C 时,毫伏表的"＋"端应接 L 与 C 的公共端,其接地端分别触及 L 和 C 的近地端 N2 和 N1。

【思考题】

(1)根据实验电路给出的元件参数值,怎样估算电路的谐振频率?

(2)改变电路的哪些参数可以使电路发生谐振,电路中 R 的数值是否影响谐振频率?

(3)如何判别电路是否发生谐振? 测试谐振点的方案有哪些?

(4)电路发生串联谐振时,为什么输入电压不能太大? 如果信号发生器给出 1 V 的电压,电路谐振时,用交流毫伏表测 U_L 和 U_C,应该选择用多大的量程?

(5)要提高 RLC 串并联电路的品质因数,电路参数应如何改变?

【实验报告要求】

(1)根据测量数据,绘出不同 Q 值的三条幅频特性曲线: $U_o - f, U_L - f, U_C - f$。

(2)计算出通频带与 Q 值,说明不同 R 值对电路通频带与品质因数的影响。

(3)对两种不同的测 Q 值的方法进行比较,分析误差原因。

(4)谐振时,比较输出电压 u_o 与输入电压 u_i 是否相等,试分析原因。

(5)通过本实验,总结、归纳串并联谐振电路的特性。

5.11 RC 电路滤波特性研究

【实验目的】

(1)初步熟悉文氏电桥电路的结构特点及应用。

(2)学习用交流电压表和示波器测定文氏电桥的幅频特性和相频特性。

【实验器材】

双踪示波器(一台);信号发生器(一台);交流毫伏表(一块);频率计(一台);电阻元件、电容元件、电感元件(若干);连接导线(若干);面包板(一块)。

【实验原理】

文氏电桥电路是一个 RC 的串并联电路,如图 5.11.1 所示,该电路结构简单,被广泛应用于低频振荡电路中作为选频环节,可以获得单频率的正弦波电压信号。

(1)用函数信号发生器的正弦输出信号作为电桥的激励信号 U_i,并保持信号电压 U_i 不变的情况下,改变输入信号的频率 f,用交流毫伏表或示波器测出相应于各个频率点的输出电压值 U_o,将这些数据画在以频率 f 为横轴,输出电压 U_o 为纵轴的坐标纸上,用一条光滑的曲线连接这些点,该曲线就是电路的幅频特性曲线。

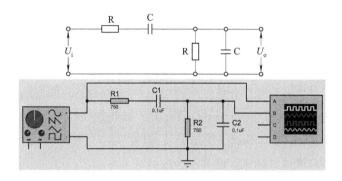

图 5.11.1　RC 选频网络及仿真电路

文氏电桥电路的一个特点是,其输出电压幅度不仅会随输入信号的频率变化,而且会出现一个与输入电压同相位的最大值,如图 5.11.2 所示。

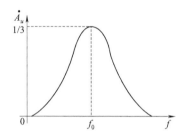

图 5.11.2　RC 选频网络幅频特性曲线

由电路分析可知,该网络的传递函数为

$$\dot{A}_u = \frac{\dot{U}_o}{\dot{U}_i} = \frac{1}{3 + \mathrm{j}\left(\omega RC - \dfrac{1}{\omega RC}\right)}$$

当角频率 $\omega = \omega_0 = \dfrac{1}{RC}$ 时,则 $\dot{A}_u = \dfrac{1}{3}$,此时,U_i 与 U_o 同相,即 RC 串并联电路具有带通特性。

(2)将上述电路的输入和输出分别接入双踪示波器的两个输入端 YA 和 YB,改变输入正弦信号的频率,观察相应的输入和输出波形的时延数值 τ 及信号周期 T,则两波形间的相位差为

$$\Delta\varphi = \varphi_o - \varphi_i（输出相位与输入相位之差）$$

将各个不同频率下的相位差 $\Delta\varphi$ 画在以频率 f 为横轴,以相位差 $\Delta\varphi$ 为纵轴的坐标纸上,用一条光滑的曲线连接这些点,该曲线就是电路的相频特性曲线,如图 5.11.3 所示。

由电路分析理论得知,当 U_o 和 U_i 同相位,相位差为零。$f = f_0 = $

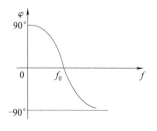

图 5.11.3　RC 选频
网络相频特性曲线

$\dfrac{1}{2\pi RC}$。

【实验内容】

1. 测量 RC 串、并联电路的幅频特性

（1）按图 5.11.1 所示电路接线，取 $R = 1~\text{k}\Omega, C = 0.1~\mu\text{F}$。

（2）调节低频信号源的输出电压峰-峰值为 3 V 的正弦波，接到图 5.11.1 所示电路的输入端 U_i。

（3）改变信号源频率 f，并保持 $U_i = 3$ V 不变，测量输出电压 U_o，记录数据。（可先测量 $\beta = 1/3$ 时的频率 f_0，然后再在 f_0 左右设置其他频率点，测量 U_o）；另选一组参数，取 $R = 200~\Omega, C = 2.2~\mu\text{F}$，重复上述测量。将上述测量数据填入表 5.11.1 中。

表 5.11.1　RC 幅频特性测量

$R = 1~\text{k}\Omega$	f/Hz									
$C = 0.1~\mu\text{F}$	U_o/V									
$R = 200~\Omega$	f/Hz									
$C = 2.2~\mu\text{F}$	U_o/V									

2. 测量 RC 串、并联电路的相频特性

将图 5.11.1 所示电路的输入/输出端（U_i、U_o）分别接至双踪示波器的两个输入端 YA 和 YB，改变输入信号频率，观察不同频率点处，相应的输入与输出波形间的时延 τ 及信号周期 T，计算两波形间的相位差。将上述测量数据填入表 5.11.2 中。

表 5.11.2　RC 相频特性测量

	f/Hz								
$R = 1~\text{k}\Omega$	T/ms								
$C = 0.1~\mu\text{F}$	τ/ms								
	相位差 φ								
	f/Hz								
$R = 200~\Omega$	T/ms								
$C = 2.2~\mu\text{F}$	τ/ms								
	相位差 φ								

注意：由于低频信号源内阻的影响，注意在调节输出频率时，应同时调节输出幅度，使实验电路的输入电压保持不变。

【思考题】

（1）RC 选频网络电路为什么不能用于高频率信号选择？

（2）怎样用相量形式推导出 RC 串并联电路的幅频、相频特性？

【实验报告要求】

（1）根据实验数据，绘制幅频特性和相频特性曲线，找出最大值，并与理论计算值比较。

（2）分析并讨论实验结果。

（3）分析误差来源。

5.12* 三相交流电路测量

【实验目的】

(1)学习三相交流电路中三相负载的连接方法。

(2)了解三相四线制中性线的作用。

(3)掌握三相电路相电压与线电压的测量方法和关系。

(4)掌握三相电路有负载情况下相电流与线电流的测量方法和关系。

【实验器材】

三相交流电源(220 V,一个);交流电压表(三块);交流电流表(三块);万用表(一块);单刀单掷开关(三个);灯泡(220 V,40 W/380 V,40 W,若干);电源插头、插座(若干)。

【实验原理】

正弦三相交流电 u_A、u_B、u_C 的函数表达式为

$$\begin{cases} u_A = U_m\sin(\omega t) \\ u_B = U_m\sin(\omega t - 120°) \\ u_C = U_m\sin(\omega t + 120°) \end{cases}$$

三相交流电源星形(Y)连接时,相电压有效值 U_P 与线电压有效值 U_L 关系为 $U_L = \sqrt{3}\,U_P$,且线电压超前相电压30°。

三相交流电源三角形(△)连接时,相电压有效值 U_P 与线电压有效值 U_L 关系为 $U_L = U_P$。

连接负载后,在Y - Y连接且三相负载相等情况下,中性线电流为零,$I_P = I_L$;在Y - △连接且三相负载相等情况下,$I_L = \sqrt{3}\,I_P$,且线电流滞后相电流30°。

【实验内容】

1.三相负载星形连接

在不带负载情况下,可用万用表交流电压6挡(需交流600 V及以上挡位)测量相电压和线电压。(注:实测时,可测教室空调空气控制开关处,要特别注意安全。要检查导线有无破皮的情况,防止意外触电危险。)对应仿真电路如图5.12.1所示。

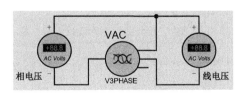

图 5.12.1　Proteus 软件中三相交流电源及仿真测试

按图 5.12.2 接线,图中每相负载采用三只白炽灯,电源相电压为 220 V。

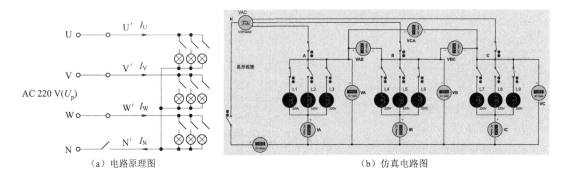

（a）电路原理图   （b）仿真电路图

图 5.12.2   三相交流电星形负载测量

测量三相四线制电源各电压(注意线电压和相电压的关系),将数据填入表 5.12.1 中。

表 5.12.1   三相四线制电源各电压

U_{UV}/V	U_{VN}/V	U_{WU}/V	U_{UN}/V	U_{VN}/V	U_{WN}/V

按表 5.12.2 内容完成各项测量,并观察实验中各电灯的亮度。表 5.12.2 中对称负载时为每相点亮三只灯;不对称负载时为 U 相点亮一只灯,V 相点亮两只灯,W 相点亮三只灯。

表 5.12.2   三相负载星形连接测量数据

负载情况		测量值							
		相电压			相电流			中性线电流	中性点电压
		U'_{UN}/V	U'_{VN}/V	U'_{WN}/V	I_U/A	I_V/A	I_W/A	I_N/A	U'_{NN}/V
对称负载	有中性线								
	无中性线								
不对称负载	有中性线								
	无中性线								

2.三相负载三角形连接

测量功率时可用一只功率表借助电流插头和插座实现一表两用,具体接法如图 5.12.3 所示。接好实验电路后,按表 5.12.3 内容完成各项测量,并观察实验中电灯的亮度。表 5.12.3 中对称负载和不对称负载的灯点亮要求与表 5.12.2 相同。

表 5.12.3   三相负载三角形连接测量数据

负载情况	测量值									功率/W	
	线电流/A			相电流/A			负载电压/V				
	I_U	I_V	I_W	I_{UV}	I_{VW}	I_{WU}	U_{UV}	U_{VW}	U_{WU}	P_1	P_2
对称负载											
不对称负载											

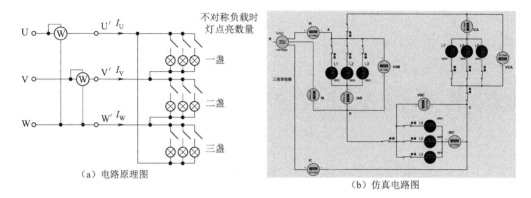

图 5.12.3 三相交流电三角形负载测量

注意:特别注意测量安全措施,在更换负载、测量仪表时,必须先切断电源。

【思考题】

(1)三相交流电的电源和负载连接方式有几种?

(2)各种不同电源和负载连接方式下,线电压与相电压、线电流与相电流的关系怎样?

【实验报告要求】

(1)根据实验数据,总结对称负载星形连接时相电压和线电压之间的数值关系,以及三角形连接时相电流和线电流之间的数值关系。

(2)根据实验数据,说明中性线的作用。

(3)讨论实验结果。

第6章

模拟电子技术基础实验 <<<

6.1 直流稳压电源

【实验目的】

(1)了解单相整流、滤波、稳压电路的工作原理。

(2)学会直流稳压电源的设计与调测方法。

(3)掌握集成稳压器的特点,学会选择和使用。

【实验器材】

数字万用表(一块);小功率变压器(双6 V,一个);二极管及整流桥(若干);稳压芯片(AN7805、7812、7912、LM317 各一片);电阻元件、电容元件(若干);工程胶布(一卷);面包板(一块);导线(若干)

【实验原理】

1. 直流稳压电源的基本组成

直流稳压电源是一种将交流电转换为稳压的直流电的设备,一般由四部分组成,如图6.1.1所示。

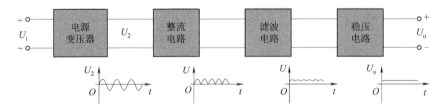

图6.1.1 直流稳压电源原理框图和波形变换

电源变压器是将220 V(或380 V,50 Hz)的电网电压转换为整流电路所需的交流电压。整流电路将变压器的二次交流电转换为单向脉动直流电压。滤波电路将脉动直流电压转换为比较平滑的直流电压。稳压电路则是使电路即使在电网电压变化、负载变化情况下仍然维持输出电压稳定。

本书实验中采用桥式整流、电容滤波形式,滤波后输出电压 $U_{I(AV)} = (0.9 \sim \sqrt{2}) U_2$,其系数大小主要由负载电流大小决定。负载电阻很小时,$U_{\mathrm{I(AV)}} = 0.9U_2$;负载电阻开路时,$U_{\mathrm{I(AV)}} = \sqrt{2}\,U_2$;工程上常取 $U_{\mathrm{I(AV)}} = 1.2U_2$。滤波电容满足 $C \geqslant (3 \sim 5)T/(2R_{\mathrm{L}})$(其中 $T = 0.02$ s)时,才有较好的滤波效果。

现有稳压电路通常采用集成稳压器进行稳压。

2.三端式集成稳压器

集成稳压器种类很多,目前使用的大多是三端式集成稳压器。常用的有以下四个系列:

(1)固定正电压输出集成稳压器,如 78×× 系列;

(2)固定负电压输出集成稳压器,如 79×× 系列;

(3)可调式正电压输出集成稳压器,如 117/217/317 系列;

(4)可调式负电压输出集成稳压器,如 137/237/337 系列。

封装有多种形式,如直插式和贴片式。以 TO-220 直插式封装为例,集成稳压器引脚和功能如图 6.1.2 所示。

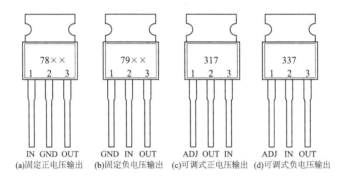

图 6.1.2　集成稳压器引脚和功能

典型集成稳压器主要技术指标见表 6.1.1。

表 6.1.1　典型集成稳压器主要技术指标

参数名称	集成稳压器类型			
	CW7805	CW7812	CW7912	CW317
输入电压/V	10	19	−19	≤40
输出电压范围/V	4.75 ~ 5.25	11.4 ~ 12.6	−11.4 ~ −12.6	1.2 ~37
最小输入电压/V	7	14	−14	$3 \leqslant U_{\mathrm{i}} - U_{\mathrm{o}} \leqslant 40$
电压调整率/mV	3	3	3	0.02%/V
最大输出电流/A	加散热片可达 1 A			1.5

【实验内容】

1.固定正电压输出直流稳压电源实验电路

(1)固定正电压输出直流稳压电源设计与组装。稳压器件选择国产 CW7812,如图 6.1.3(a)所示。该电路 C1、C3 为低频滤波电容,通常取几百微法至几千微法,耐压应不低于所接入处电压的 2 倍；C2、C4 为高频滤波电容,其容值较小,通常取零点几微法。RL 为负载电阻,必须使用大功率电阻(先根据 I^2R 计算,所用电阻功率比所计算功率大 2 倍以上)。

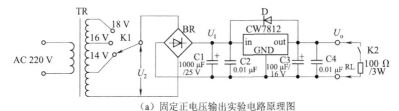

（a）固定正电压输出实验电路原理图

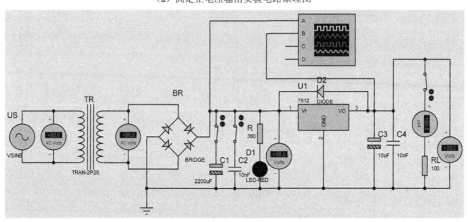

（b）固定正电压输出实验电路仿真图

图 6.1.3　固定正电压输出直流稳压电源实验电路

（2）U_2 值选取与变压器选择。根据表 6.1.1,CW7812 典型输入电压为 19 V,根据 $U_1 = 1.2U_2$ 可得 $U_2 = (19/1.2)\text{V} \approx 15.8$ V,则变压器选择一次侧中间抽头处电压需在 AC 16 V 左右,上下抽头可选取 AC 18 V 和 AC 14 V。

（3）稳压器输出电阻 R_o 测量:通过对开关 K2 操作,对图 6.1.3 所示电路进行空载和带载实验,测试其端电压值 U_o 和 U_{oL},以及流过负载 R_L 的电流 I_{oL},由下列公式可计算出输出电阻 R_o 的值。

$$R_o = \frac{\Delta U_o}{\Delta I_o} = \frac{U_o - U_{oL}}{I_{oL}}$$

（4）根据测量结果,可由公式 $S_i = \dfrac{U_o - U_{oL}}{U_o} \times 100\%$ 计算出纹波抑制比 S_i。

（5）根据测量结果,可由下列公式计算输入纹波系数 γ_i、输出纹波系数 γ_o 和纹波抑制比 S_{nip}。

$$\gamma_i = \frac{U_{i\sim}}{U_i}, \gamma_o = \frac{U_{oL\sim}}{U_{oL}}, S_{nip} = 20\lg\frac{U_{i\sim}}{U_{oL\sim}}$$

式中,$U_{i\sim}$ 为输入端纹波电压;$U_{oL\sim}$ 为输出端带负载时纹波电压。

（6）调节变压器(通过 K1),模拟电网电压变化,使 U_2 增加 10%,测量此时的集成稳压器对应的输出电压 U'_{oL} 和输入电压 U'_i;调节变压器使 U_2 减小 10%,测量此时集成稳压器对应的输出电压 U''_{oL} 和输入电压 U''_i。计算稳压系数 $S_U = \left. \dfrac{(U'_{oL} - U''_{oL})/U_{oL}}{(U'_i - U''_i)/U_i} \right| \times 100\%$。

（7）将上述测量和计算结果填入表6.1.2和表6.1.3中。

（8）根据图6.1.3（b）所示，利用 Proteus 软件仿真，依据上述（1）~（6）步骤进行。在仿真输入电压变化时，要通过设置输入交流电压源 U_s 的不同值和变压器 TR 的电压比来实现。实验表格可参考表6.1.2自拟。

表 6.1.2　固定正电压输出直流稳压电源电路参数测试

器件名称	测量值							计算值				
	交流电压/V	直流				纹波电压/mV		输出电阻	电压调整率	输入纹波系数	输出纹波系数	纹波抑制比
		电压/V			电流/mA							
	U_2	U_i	U_o	U_{oL}	I_{oL}	$U_{i\sim}$	$U_{oL\sim}$	R_o	S_i	γ_i	γ_o	S_i
CW7812												

表 6.1.3　固定正电压输出直流稳压电源稳压性能测试

器件名称	测量值						计算值
	交流电压/V		直流电压/V				稳压系数
	U_2'	U_2''	U_i'	U_i''	U_{oL}'	U_{oL}''	S_U
CW7812							

2. 可调式正电压输出直流稳压电源实验电路

（1）可调式正电压输出直流稳压电源设计与组装。稳压器件选择国产 CW317，如图6.1.4（a）所示。该电路 C1、C4 为低频滤波电容，通常取几百微波到几千微波，耐压与前面要求一样；C2、C5 为高频滤波电容，其容值较小，通常取零点几微波；C3 为退耦电容，用来去掉因调整端（ADJ）接入调整电阻 RW 引入的接地端交流耦合信号。RL 为负载电阻，功率要求与前面一致。RW 为电压调整电阻，配合电阻 R，调节该电阻，可改变采样电压，从而使输出电压发生变化，R 取 200 Ω，RW 取 5.1 kΩ 可调电位器，该设计可使输出电压从最低 1.2 V 开始输出。

（2）调整 RW，测量该稳压电路的最大输出电压 $U_{oL.max}$ 和最小输出电压 $U_{oL.min}$。

（3）根据图6.1.4（b）所示，利用 Proteus 软件仿真，调节 RW，观察其上电压表和电流表的变化，并测量最大值电压和最小值电压，在某一值处，调整 RL2 的值进行不同负载下电压与电流数值变化测试。表格自拟。

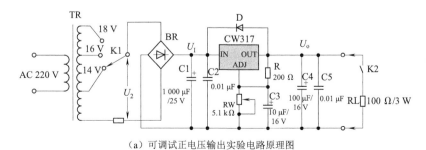

（a）可调试正电压输出实验电路原理图

图 6.1.4　可调式正电压输出直流稳压电源实验电路

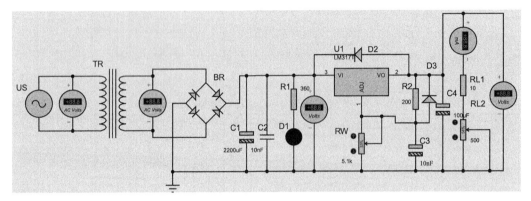

（b）可调试正电压输出实验电路仿真图

图 6.1.4　可调式正电压输出直流稳压电源实验电路（续）

实验中需要注意以下几点：

(1)变压器一次侧连线注意用绝缘胶布严密包好,以防漏电。

(2)注意所用电容耐压,必须超出接入点处电压 3～5 倍。

(3)注意测量时万用表量程选择、极性选择。

(4)通电之前一定要反复检查电路连接是否正确,特别对电解电容极性不能弄错。

(5)变压器、整流电路、稳压器等输出端均不允许短路,以免损坏器件。

(6)实验完成后,一定要断开电源才能拆除电路。

【思考题】

(1)桥式整流电容滤波电路的输出电压 U_o 是否随负载的变化而变化? 为什么?

(2)图 6.1.3 中的 C2、C4 起什么作用? 如果不用将会出现什么现象?

【实验报告要求】

(1)认真记录和整理测试数据,按要求填入表格。

(2)认真描记示波器显示的纹波波形。

(3)分析并讨论实验结果。

6.2　单管放大电路的研究

【实验目的】

(1)掌握单管共射放大电路静态工作点的测量和调整方法。

(2)了解电路参数变化对静态工作点的影响。

(3)掌握单管共射放大电路动态指标的测量方法。

(4)学习幅频特性的测量方法。

【实验器材】

函数信号发生器(一台);双踪数字示波器(一台);稳压电源(一台);万用表(一块);三极管、电阻元件、电容元件(电解电容元件和非极性电容元件)、电位器、导线(若干);面包板(一块)。

【实验原理】

1.参考实验电路

如图 6.2.1 所示,其中三极管选用硅管 NPN 型 9013 或 S8050,电位器 RP 用来调整静态工作点。

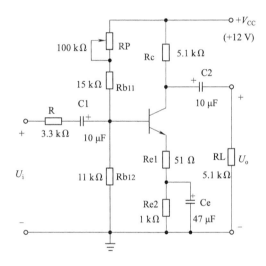

图 6.2.1　单级共射放大电路

2.静态工作点的测量

输入交流信号为零($U_i = 0$ 或 $i_i = 0$)时,电路处于静态,三极管各电极有确定不变的电压、电流,在特性曲线上表现为一个确定点,称为静态工作点,即 Q 点。一般用 I_B、I_C 和 U_{CE}(或 I_{BQ}、I_{CQ} 和 U_{CEQ})表示。

实际应用中,直接测量 I_{CQ} 需要断开集电极回路,比较麻烦,所以通常的做法是采用电压测量的方法来换算电流:先测出发射极对地电压 U_E,再利用公式 $I_{CQ} \approx I_{EQ} = \dfrac{U_E}{R_e}$,算出 I_{CQ}。(此法应选用内阻较高的电压表。)

由三极管放大器的图解分析可知,为了获得最大不失真的输出电压,静态工作点应该选在输出特性曲线上交流负载线的中点。若静态工作点选得太高,容易引起饱和失真;反之,又引起截止失真,如图 6.2.2 所示。对于线性放大电路,这两种工作点都是不合适的,必须对其进行调整。本实验中,可通过调节电位器 RP 来实现静态工作点的调整:RP 调小,工作点增高;RP 调大,工作点降低。值得注意的是,实验过程中应避免输入信号过大导致三极管工作在非线性区,否则即使工作点选择在交流负载线的中点,输出电压波形仍可能出现双向失真。

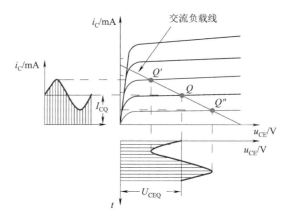

图 6.2.2　静态工作点调整

3. 电压放大倍数的测量

电压放大倍数 A_u 是指输出电压与输入电压的有效值之比 $A_u = \dfrac{U_o}{U_i}$。

实验中可以用万用表分别测量输入、输出电压,从而计算出输出波形不失真时的电压放大倍数。

同时,对于图 6.2.1 所示电路参数,其电压放大倍数 $\dot{A}_u$ 和三极管输入电阻 r_{be} 分别为

$$\dot{A}_u = -\frac{\beta(R_c // R_L)}{r_{be} + (1+\beta)R_{e1}}; r_{be} = 300 + (1+\beta)\frac{26(\text{mV})}{I_{EQ}(\text{mA})}$$

4. 输入电阻的测量

输入电阻的测量原理图如图 6.2.3 所示。

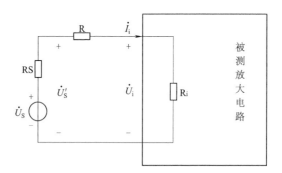

图 6.2.3　输入电阻的测量原理图

电阻 R 的阻值已知,只需用万用表分别测出 R 两端的电压 U'_S 和 U_i,即有 $R_i = \dfrac{U_i}{I_i} = $

$\dfrac{U_i}{(U'_S - U_i)/R} = \dfrac{U_i}{U'_S - U_i}R$。

R 的阻值最好选取和 Ri 同一个数量级,过大易引入干扰;过小则易引起较大的测量误差。

5. 输出电阻的测量

输出电阻的测量原理图如图 6.2.4 所示。

用万用表分别测量出开路电压 U_o 和负载电阻上的电压 U_{oL}，则输出电阻 Ro 可通过计算求得。（取 RL 和 Ro 的阻值为同一数量级以使测量值尽可能精确。）

$$U_{oL} = \frac{U_o}{R_o + R_L} \cdot R_L \qquad R_o = \frac{U_o - U_{oL}}{U_{oL}} \cdot R_L$$

6. 幅频特性的测量

在输入正弦信号情况下，放大电路输出随输入信号频率连续变化的稳态响应，称为该电路的频率响应。其幅频特性即指放大器的增益与输入信号频率之间的关系曲线。一般采用逐点法进行测量。在保持输入信号幅度不变的情况下，改变输入信号的频率，逐点测量对应于不同频率时的电压增益，用对数坐标纸画出幅频特性曲线。通常将放大倍数下降到中频电压放大倍数的 0.707 倍时所对应的频率称为上、下限截止频率（f_H、f_L）。

$BW = f_H - f_L \approx f_H$ 称为带宽，如图 6.2.5 所示。

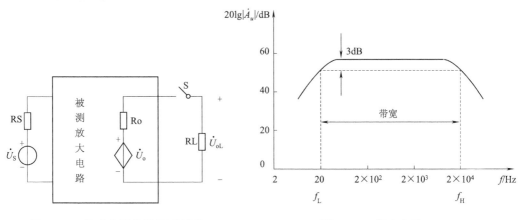

图 6.2.4　输出电阻的测量原理图　　　　　　图 6.2.5　带宽表示

【实验内容】

（1）按图 6.2.1 组装单级共射放大电路，经检查无误后，接通预先调整好的直流电源 +12 V。

（2）测试电路在线性放大状态时的静态工作点。从信号发生器输出 $f = 1$ kHz，$U_i = 30$ mV（有效值）的正弦电压到放大电路的输入端，将放大电路的输出电压接到双踪示波器 Y 轴输入端，调整电位器 RP，使示波器上显示的 U_o 波形达到最大不失真，然后关闭信号发生器，即 $U_i = 0$，测试此时的静态工作点，填入表 6.2.1 中。根据图 6.2.1 所示电路在 Proteus 软件的电路原理图编辑窗口绘出电路，如图 6.2.6 所示，运行后可直接读取静态工作点数值。

表 6.2.1　静态工作点测量

U_E/V	I_{CQ}/mA($\approx U_E/R_e$)	U_{CEQ}/V	U_{BE}/V

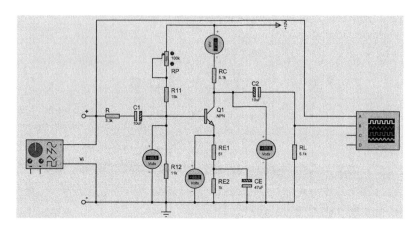

图 6.2.6　仿真电路

（3）测试电压放大倍数 A_u：

①从信号发生器送入 $f = 1$ kHz，$U_i = 30$ mV 的正弦电压，用万用表测量输出电压 U_o，计算电压放大倍数 $A_u = U_o / U_i$。

②用示波器观察 U_i 和 U_o 电压的幅值和相位。把 U_i 和 U_o 分别接到双踪示波器的 CH1 和 CH2 通道上，在荧光屏上观察它们的幅值大小和相位。

（4）了解由于静态工作点设置不当，给放大电路带来的非线性失真现象。调节电位器 RP，分别使其阻值减少或增加，观察输出波形的失真情况，分别测出相应的静态工作点，测量方法同实验内容（2），将结果填入表 6.2.2 中。

表 6.2.2　失真时静态工作点测量

工作状态	输出波形	静态工作点		
		I_{CQ}/mA	U_{CEQ}/V	U_{BEQ}/V

（5）测量单级共射放大电路的通频带：

①当输入信号 $f = 1$ kHz，$U_i = 30$ mV，$R_L = 5.1$ kΩ，在示波器上测出放大器中频区的输出电压 U_{opp}（或计算出电压增益）。

②增加输入信号的频率（保持 $U_i = 30$ mV 不变），此时输出电压将会减小，当其下降到中频区输出电压的 0.707（−3 dB）倍时，信号发生器所指示的频率即为放大电路的上限截止频率 f_H。

③同理,降低输入信号的频率(保持 $U_i = 30$ mV 不变),输出电压同样会减小,当其下降到中频区输出电压的 0.707(-3 dB)倍时,信号发生器所指示的频率即为放大电路的下限截止频率 f_L。

④通频带 $BW = f_H - f_L$。

(6)输入电阻 Ri 的测量。按图6.2.3 接入电路。取 $R = 1$ kΩ,用万用表分别测出 U'_S 和 U_i,则

$$R_i = \frac{U_i}{U'_S - U_i}R$$

此外,还可以用一个可调电阻箱来代替 R,调节电阻箱的值,使 $U_i = (1/2)U'_S$,则此时电阻箱所示阻值即为 Ri 的阻值。这种测试方法通常称为"半压法"。

(7)输出电阻 Ro 的测量。按图6.2.4 接入电路。取 $R_L = 5.1$ kΩ,用万用表分别测出 $R_L = \infty$ 时的开路电压 U_o 及 $R_L = 5.1$ kΩ 时的输出电压 U_{oL},则

$$R_o = \frac{U_o - U_{oL}}{U_{oL}}R_L$$

【思考题】

(1)加大输入信号 U_i 时,输出波形可能会出现哪几种失真? 分别是由什么原因引起的?

(2)影响放大器低频特性 f_L 的因素有哪些? 采取什么措施可使 f_L 降低?

(3)提高电压放大倍数 A_u 会受到哪些因素限制?

(4)测量输入电阻 R_i、输出电阻 R_o 时,为什么测试电阻 R 要与 R_i 或 R_o 相接近?

(5)调整静态工作点时,Rb11 要用一个固定电阻和电位器串联,而不能直接用电位器,为什么?

【实验报告要求】

(1)认真记录和整理测试数据,按要求填入表格并画出波形图。

(2)对测试结果进行理论分析,找出产生误差的原因。

6.3 场效应管放大电路的研究

【实验目的】

(1)了解结型场效应管的性能和特点。

(2)进一步熟悉场效应管放大电路动态参数的测试方法。

【实验仪器】

双踪示波器(一台);万用表(一块);信号发生器(一台);面包板(一块);场效应管(3DJ8,一个);电阻元件、电容元件(若干)。

【实验原理】

实验电路如图6.3.1所示。

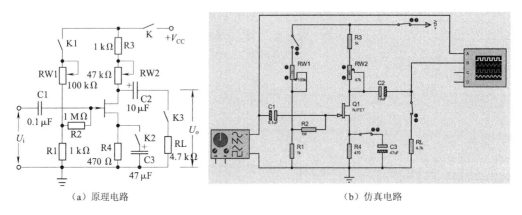

（a）原理电路　　　　　　　　　　　　（b）仿真电路

图 6.3.1　场效应管放大实验电路图

场效应管是一种电压控制型器件。按结构可分为结型和绝缘栅型两种类型。由于场效应管栅源之间处于绝缘或反向偏置，所以输入电阻很高（一般可达上百兆欧），又由于场效应管是一种多数载流子控制器件，因此热稳定性好，抗辐射能力强，噪声系数小。加之制造工艺较简单，便于大规模集成，因此得到越来越广泛的应用。

1. 结型场效应管的特性和参数

场效应管的特性主要有输出特性和转移特性。图 6.3.2 所示为 N 沟道结型场效应管 3DJ6F 的输出特性和转移特性曲线。其直流参数主要有饱和漏极电流 I_{DSS}、夹断电压 U_P 等；交流参数主要有低频跨导：

$$g_m = \frac{\Delta I_D}{\Delta U_{GS}} \bigg|_{U_{DS}=常数}$$

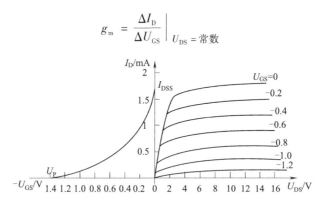

图 6.3.2　N 沟道结型场效应管 3DJ6F 的输出特性和转移特性曲线

表 6.3.1 列出了 3DJ6F 的典型参数值及测试条件。

表 6.3.1　3DJ6F 的典型参数值及测试条件

参数名称	饱和漏极电流 I_{DSS}/mA	夹断电压 U_P/V	低频跨导 g_m（μA/V）
测试条件	$U_{DS}=10$ V，$U_{GS}=0$ V	$U_{DS}=10$ V，$I_{DS}=50$ μA	$U_{DS}=10$ V，$I_{DS}=3$ mA，$f=1$ kHz
参数值	1~3.5	<｜-9｜	>100

2. 场效应管放大器性能分析

图 6.3.1 所示为结型场效应管组成的共源极放大电路。其静态工作点

$$U_{GS} = U_G - U_S = \frac{R_{g1}}{R_{g1} + R_{g2}}U_{DD} - I_D R_S$$

$$I_D = I_{DSS}\left(1 - \frac{U_{GS}}{U_P}\right)^2$$

中频电压放大倍数 $A_u = -g_m R'_L = -g_m R_D // R_L$。

输入电阻 $R_i = R_G + R_{g1} // R_{g2}$。

输出电阻 $R_o \approx R_D$。

低频跨导 g_m 可由特性曲线用作图法求得,或用公式 $g_m = -\frac{2I_{DSS}}{U_P}\left(1 - \frac{U_{GS}}{U_P}\right)$ 计算。但要注意,计算时 U_{GS} 要用静态工作点处的数值。

3. 输入电阻的测量方法

场效应管放大器的静态工作点、电压放大倍数和输出电阻的测量方法,与三极管放大器的测量方法相同。其输入电阻的测量,从原理上讲,也可采用三极管放大器中所述方法,但由于场效应管的 Ri 比较大,如直接测输入电压 U_S 和 U_i,则限于测量仪器的输入电阻有限,必然会带来较大的误差。因此,为了减小误差,常利用被测放大器的隔离作用,通过测量输出电压 U_o 来计算输入电阻。测量电路如图 6.3.3 所示。

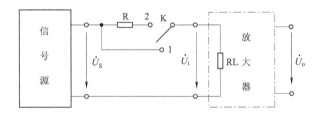

图 6.3.3 输入电阻测量电路

在放大器的输入端串入电阻 R,把开关 K 掷向位置 1(即 $R = 0$),测量放大器的输出电压 $U_{o1} = A_u U_S$;保持 U_S 不变,再把 K 掷向 2(即接入 R),测量放大器的输出电压 U_{o2}。由于两次测量中 A_u 和 U_S 保持不变,故

$$U_{o2} = A_u U_i = \frac{R_i}{R + R_i}U_S A_u$$

由此可以求出

$$R_i = \frac{U_{o2}}{U_{o1} - U_{o2}}R$$

式中,R 和 R_i 不要相差太大,本书实验可取 $R = 100 \sim 200$ kΩ。

【实验内容】

1. 静态工作点的测量和调整

(1)关闭系统电源,按图 6.3.1 连接电路。

（2）调节信号源使其输出频率为 1 kHz、峰-峰值为 200 mV 的正弦信号 U_i，并用示波器同时检测 U_o 和 U_i 的波形，如波形正常放大未失真，则断开信号源，测量 U_G、U_S 和 U_D，把结果记入表 6.3.2 中。

（3）若不合适，则适当调整 Rg2 和 RS，调好后，再测量 U_G、U_S 和 U_D 并将结果记入表 6.3.2 中。

表 6.3.2 静态工作点测量

测量值						计算值		
U_G/V	U_S/V	U_D/V	U_{DS}/V	U_{GS}/V	I_D/mA	U_{DS}/V	U_{GS}/V	I_D/mA

2. 电压放大倍数 A_u 的测量

（1）关闭电源，按图 6.3.1 连接电路。连接检查无问题后再接通电源。

（2）A_u 的测量。在放大器的输入端加入频率为 1 kHz、峰-峰值为 500 mV 的正弦信号 U_i，并用示波器同时观察输入电压 U_i、输出电压 U_o 的波形。在输出电压 U_o 没有失真的条件下，用交流毫伏表分别测量 $R_L = \infty$ 和 $R_L = 4.7$ kΩ 时的输出电压 U_o（注意：保持 U_i 幅值不变），把结果记入表 6.3.3 中。

表 6.3.3 电压放大倍数测量

测量值			计算值		u_i 和 u_o 波形记录
项目	U_i/V	U_o/V	A_u	A_u	$R_o/k\Omega$	
$R_L = \infty$						波形图用
$R_L = 4.7$ kΩ						坐标纸另绘

用示波器同时观察 u_i 和 u_o 的波形，描绘出来并分析它们的相位关系。

（3）Ri 的测量（测量方法同 6.2 节）。按图 6.3.3 连接实验电路，选择合适大小的输入电压 U_S（50 ~ 100 mV），使输出电压不失真，测出输出电压 U_{o1}，然后关闭电源，在输入端串入 5.1 kΩ 电阻，测出输出电压 U_{o2}，根据公式 $R_i = \dfrac{U_{o2}}{U_{o1} - U_{o2}} R$，求出 R_i，将结果记入表 6.3.4 中。

表 6.3.4 输入电阻测量与计算

测量值		计算值
U_{o1}/V	U_{o2}/V	$R_i/k\Omega$

【思考题】

（1）场效应管放大器输入回路的电容 C1 为什么可以取得小一些（可以取 $C_1 = 0.1$ μF）？

（2）在测量场效应管静态工作电压 U_{GS} 时，能否用直流电压表直接并联在 G、S 两端测量？为什么？

（3）为什么测量场效应管输入电阻时要用测量输出电压的方法？

【实验报告要求】

（1）认真记录和整理测试数据，按要求填入表格。

（2）认真描记示波器显示的纹波波形。

（3）分析并讨论实验结果。

6.4　功率放大电路的研究

【实验目的】

（1）进一步理解 OTL 功率放大器的工作原理。

（2）学会 OTL 电路的调试及主要性能指标的测试方法。

【实验器材】

　+5 V 直流电源（一台）；直流电压表（一块）；函数信号发生器（一台）；直流毫安表（一块）；双踪示波器（一台）；频率计（一个）；面包板（一块）；三极管（9013、9012 各一个）；二极管（一个）；8 Ω 喇叭（一个）；电阻元件、电容元件（若干）。

【实验原理】

　图 6.4.1 所示为 OTL 低频功率放大器电路。其中由三极管 T1 组成推动级，T2、T3 是一对参数对称的 NPN 和 PNP 型三极管，它们组成互补推挽 OTL 功放电路。由于每一个三极管都接成射极输出器形式，因此具有输出电阻低，负载能力强等优点，适合于作为功率输出级。T1 管工作于甲类状态，它的集电极电流 I_{c1} 的一部分流经电位器 RW2 及二极管 D，给 T2、T3 提供偏压。调节 RW2，可以使 T2、T3 得到适合的静态电流而工作于甲乙类状态，以克服交越失真。静态时要求输出端中点 A 的电位 $U_A = (1/2)V_{CC}$，可以通过调节 RW1 来实现，又由于 RW1 的一端接在 A 点，因此在电路中引入直流电压并联负反馈，一方面能够稳定放大器的静态工作点，同时也改善了非线性失真。

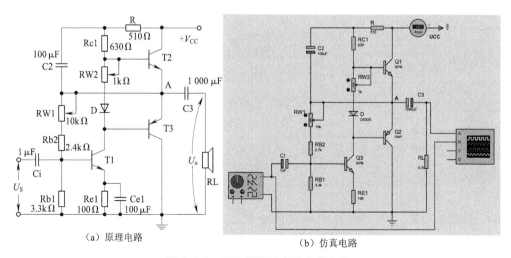

（a）原理电路　　　　　　　（b）仿真电路

图 6.4.1　OTL 低频功率放大器电路

当输入正弦交流信号 U_i 时,经 T1 放大倒相后同时作用于 T2、T3 的基极,U_i 的负半周使 T2 导通(T3 管截止),有电流通过负载 RL,同时向电容 C3 充电,在 U_i 的正半周,T3 导通(T2 截止),则已充好电的电容器 C3 起着电源的作用,通过负载 RL 放电,这样在 RL 上就得到完整的正弦波。

C2 和 R 构成自举电路,用于提高输出电压正半周的幅度,以得到较大的动态范围。

OTL 电路的主要性能指标:

1. 最大不失真输出功率 P_{oM}

理想情况下,$P_{oM} = V_{CC}^2/(8R_L)$,在实验中可通过测量 RL 两端的电压有效值,求得实际的 $P_{oM} = U_O^2/R_L$。

2. 效率 η

$\eta = (P_{oM}/P_E) \times 100\%$($P_{om}$ 为最大不失真输出功率;P_E 为直流电源供给的平均功率。)

理想情况下,效率 $\eta_{max} = 78.5\%$。在实验中,可通过测量电源供给的平均电流 I_{DC} 来求得 $P_E = U_{CC}I_{DC}$,负载上的交流功率 P_{oM} 可用上述方法求出,从而就可以计算出实际效率了。

3. 频率响应

详见 6.2 节有关内容。

4. 输入灵敏度

输入灵敏度是指输出最大不失真功率时,输入信号 U_i 之值。

【实验内容】

在整个测试过程中,电路不应有自激现象。

(1)按图 6.4.1 连接实验电路,电源进线中串入直流毫安表,电位器 RW2 置为最小值,RW1 置中间位置。接通 +5 V 电源,观察毫安表指示,同时要用手触摸输出级三极管,若电流过大,或三极管温升显著,应立即断开电源检查原因(如 RW2 开路,电路自激,或三极管性能不好等)。如无异常现象,可以开始调试。

①调节输出端中点电位 U_A。调节电位器 RW1,用直流电压表测量 A 点电位,使 $U_A = (1/2)V_{CC}$。

②调整输出级静态电流 I_{C2} 和 I_{C3},测试各级静态工作点。调节 RW2,使 T2、T2 管的 $I_{C2} = I_{C3} = 5 \sim 10$ mA。从减小交越失真角度而言,应适当加大输出级静态电流,但该电流过大,会使效率降低,所以一般以 $5 \sim 10$ mA 为宜。由于毫安表是串联在电源进线中的,因此测量得到的是整个放大器的电流。但一般 T1 的集电极电流 I_{C1} 较小,从而可以把测得的总电流近似当作末级的静态电流。如要准确得到末级静态电流,则可以从总电流中减去 I_{C1} 之值。

调整输出级静态电流的另一种方法是动态调试法。先使 $R_{W2} = 0$,在输入端接入 $f = 1$ kHz 的正弦信号 U_i。逐渐加大输入信号的幅值,此时,输出波形应出现较严重的交越失真(注意:不是饱和失真和截止失真),然后缓慢增大 RW2,当交越失真刚好消失时,停止调节 RW2,恢复 $U_i = 0$,此时直流毫安表读数即为输出级静态电流。一般数值也应为 $5 \sim 10$ mA,如过大,则要检查电路。

③输出级电流调好以后,测量各级静态工作点,将结果记入表 6.4.1 中。

表 6.4.1　静态工作点测量($I_{C2} = I_{C3} = 7$ mA, $U_A = 2.5$ V)

项目	T1	T2	T3
U_B/V			
U_C/V			
U_E/V			

注意:在调整 RW2 时,一是要注意旋转方向,不要调得过大,更不能开路,以免损坏输出管;输出管静态电流调好,如无特殊情况,不得随意旋动 RW2 的位置。

(2)最大输出功率 P_{oM} 和效率 η 的测试

①测量 P_{oM}。输入端接 $f = 1$ kHz 的正弦信号 U_i,用示波器观察输出电压 U_o 波形。逐渐增大 U_i,使输出电压达到最大不失真输出,用交流毫伏表测出负载 RL 上的电压 U_{oM},则

$$P_{oM} = U_{oM}^2 / R_L$$

②测量 η。当输出电压为最大不失真输出时,读出直流毫安表中的电流值,此电流即为直流电源供给的平均电流 I_{DC}(有一定误差),即可近似求得 $P_E = V_{CC} I_{DC}$,再根据上面求得的 P_{oM},即可求出 $\eta = P_{oM}/P_E$。

(3)输入灵敏度测试。根据输入灵敏度的定义,只要测出功率 $P_o = P_{oM}$ 时的输入电压 U_i 即可。

(4)频率响应的测试。测试方法同 6.2 节实验。将结果记入表 6.4.2 中。

表 6.4.2　频率特性测量($U_i = 5$ mV)

f/kHz	0.1	0.2	0.5	1	2	5	10
U_o/mV							
A_u							
f/kHz	20	50	100	200	500	1 000	2 000
U_o/V							
A_u							

在测试时,为保证电路的安全,应在较低电压下进行,通常取输入信号为输入灵敏度的 50%。在整个测试过程中,应保持 U_i 为恒定值,且输出波形不得失真。

【思考题】

(1)为什么要将 OTL 放大器的功放管 T2、T3 连接点静态电压调到 $V_{CC}/2$?

(2)在 OTL 功放中,RW2 调到最小会出现什么现象?

【实验报告要求】

(1)认真记录和整理测试数据,按要求填入表格。

(2)认真描记示波器显示的纹波波形。

(3)分析并讨论实验结果。

6.5 负反馈对放大电路的影响

【实验目的】

(1)加深理解负反馈对放大电路性能的影响。

(2)掌握放大电路开环与闭环特性的测试方法。

【实验器材】

信号发生器(一台);双踪示波器(一台);直流稳压电源(一台);万用表(一块);面包板(一块);三极管(3DG6D,两个);导线、电阻元件(若干)。

【实验原理】

1.负反馈的类型

负反馈有四种类型:电压串联负反馈、电压并联负反馈、电流串联负反馈、电流并联负反馈。本书实验电路由两级共射放大电路引入电压串联负反馈,构成负反馈放大器。其中反馈电阻 $R_f = 10\ \text{k}\Omega$,如图 6.5.1 所示。

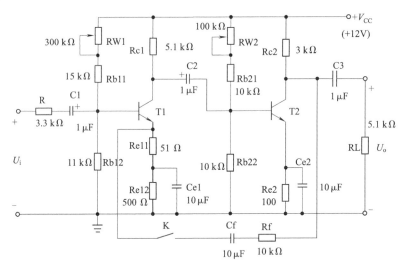

图 6.5.1　实验参考电路

2.电压串联负反馈对放大器性能的影响

(1)负反馈降低了电压放大倍数。

$$\dot{A}_{uf} = \frac{\dot{A}_u}{1 + \dot{A}_u \dot{F}_u}$$

式中,$\dot{F}_u$是反馈系数,$\dot{F}_u = \dfrac{\dot{U}_f}{\dot{U}_o} = \dfrac{R_{e1}}{R_{e1} + R_f}$;$\dot{A}_u$是放大器不引入级间反馈时的电压放大倍数(即 $u_f = $

0,但要考虑反馈网络阻抗的影响),其值可由图 6.5.2 所示的交流微变等效电路求出。

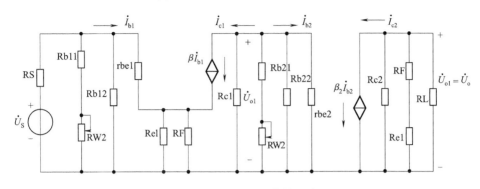

图 6.5.2　交流微变等效电路

设 $(R_{b11}//R_{b12}) \gg R_S$,则有

$$\dot{A}_{u1} = - \frac{\beta_1 R'_{L1}}{R_S + r_{be1} + (1 + \beta_1) R'_{e1}}$$

$$\dot{A}_{u2} = - \frac{\beta_2 R'_{L2}}{r_{be2}}$$

$$\dot{A}_u = \dot{A}_{u1} \cdot \dot{A}_{u2}$$

第一级交流负载电阻

$$R'_{L1} = R_{c1}//R_{i2} = R_{c1}//R_{b21}//R_{b22}//r_{be2}$$

第二级交流负载电阻

$$R'_{L2} = R_{c2}//(R_f + R_{e1})//R_L$$

$$R'_{e1} = R_{e1}//R_f$$

从式 $\dot{A}_{uf} = \dfrac{\dot{A}_u}{1 + \dot{A}_u \dot{F}_u}$ 中可知,引入负反馈后,电压放大倍数 $\dot{A}_{uf}$ 比没有负反馈时的电压放大倍

数 $\dot{A}_u$ 降低了 $(1 + \dot{A}_u \dot{F}_u)$ 倍,并且 $|1 + \dot{A}_u \dot{F}_u|$ 越大,放大倍数降低越多。

(2)负反馈可提高放大倍数的稳定性。

$$\frac{\mathrm{d}A_f}{A_f} = \frac{1}{1 + AF} \cdot \frac{\mathrm{d}A}{A}$$

上式表明:引入负反馈后,放大器闭环放大倍数 A_f 的相对变化量 $\dfrac{\mathrm{d}A_f}{A_f}$ 比开环放大倍数的相对

变化量 $\dfrac{\mathrm{d}A}{A}$ 减少了 $(1 + AF)$ 倍,即闭环增益的稳定性提高了 $(1 + AF)$ 倍。

(3)负反馈可扩展放大器的通频带。引入负反馈后,放大器闭环时的上、下限截止频率 f'_H、f'_L
分别为

$$f'_H = |1 + \dot{A} \dot{F}| f_H$$

$$f_{\text{L}}' = \frac{f_{\text{L}}}{|1 + \dot{A}\dot{F}|}$$

式中，f_{H}、f_{L} 为放大器开环时的上、下限截止频率

可见，引入负反馈后，放大器低频端频率 f_{L} 向原点方向缩小 $|1 + \dot{A}\dot{F}|$ 倍，高频端频率 f_{H} 往高频方向扩大了 $|1 + \dot{A}\dot{F}|$ 倍，从而加宽了通频带。

（4）负反馈对输入阻抗、输出阻抗的影响。负反馈对输入阻抗、输出阻抗的影响比较复杂。不同的反馈形式，对阻抗的影响不同。一般而言，串联负反馈可以增加输入阻抗，并联负反馈可以减小输入阻抗；电压负反馈可以减小输出阻抗，电流负反馈可以增加输出阻抗。图 6.5.1 电路引入的是电压串联负反馈，对整个放大器电路而言，输入阻抗增加了，输出阻抗降低了。它们的增加和降低程度与反馈深度（$1 + AF$）有关，在反馈环内满足

$$R_{\text{if}} = R_{\text{i}}(1 + AF)$$

$$R_{\text{of}} \approx \frac{R_{\text{o}}}{1 + AF}$$

（5）负反馈能减小反馈环内的非线性失真。

综上所述，在放大器引入电压串联负反馈后，不仅可以提高放大器放大倍数的稳定性，还可以扩展放大器的通频带，提高输入阻抗和降低输出阻抗，减小非线性失真。

【实验内容】

1. 仿真实验

（1）静态工作点测量：按图 6.5.1 在 Proteus 软件中绘制电压串联负反馈电路，如图 6.5.3 所示。调整 T1、T2 静态工作点（方法同单管放大电路实验）。输入端加 $f = 1$ kHz，峰-峰值为 2 mV 的正弦电压，并同时接虚拟示波器通道 A，观察输出电压波形；通道 B 观察 T1（仿真电路图中的 Q1）输出波形；通道 C 观察 T2（仿真电路图中的 Q2）输出波形。启动虚拟运行后，闭合 SW1、SW3、SW4，通过调整 RW1 和 RW2 使 T1、T2 输出波形不失真。关闭信号源（使 $U_i = 0$），通过虚拟电压表和电流表获得 T1、T2 的静态工作点（即三极管的 U_{B}、U_{C}、U_{E}、I_{C}），记录表格自拟。

（2）研究负反馈对放大器性能的影响：

①观察负反馈对放大器电压放大倍数的影响。打开信号源，输入端加 $f = 1$ kHz，2 mV 的正弦电压，先通过虚拟示波器观察波形并测量两级放大器电压放大倍数 A_{u1}、A_{u2} 和总放大倍数 A_u；然后将开关 SW2 闭合，仍通过虚拟示波器观察波形的变化，并同时分别测量负反馈后两级放大器的电压放大倍数 A_{uf1}、A_{uf2} 和总放大倍数 A_{uf}，记录表格自拟。

②观察负反馈对非线性失真的影响。打开 SW2，即开环状态下，保持输入信号频率 $f = 1$ kHz 不变，加大输入信号至输出波形刚好失真，然后闭合 SW2，再次用虚拟示波器观察输出波形的变化情况。对比以上两种情况，得出相应结论，请记录相应波形。

2. 实测实验

（1）按图 6.5.1 在面包板上连接好电压串联负反馈电路，调整 T1、T2 静态工作点（方法同单

管放大电路实验)。输入端加 $f = 1$ kHz,2 mV 的正弦电压,输出接示波器 CH2,观察输出电压波形是否有自激振荡。若有自激振荡,可在 T2 的基极 b2 和集电极 c2 之间加消振电容,其容量约为 200 pF。确认输出电压无自激、不失真,关闭信号源(使 $U_i = 0$),测量并记录 T1、T2 的静态工作点,记录表格自拟。

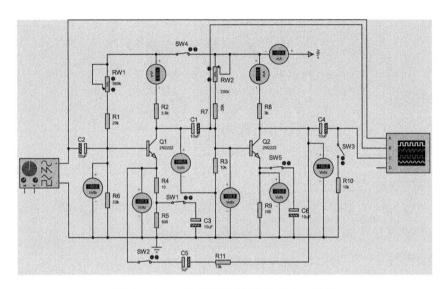

图 6.5.3　电压串联负反馈电路仿真电路图

(2)研究负反馈对放大器性能的影响:

①观察负反馈对放大器电压放大倍数的影响。将开关 K 断开,分别测量 T1、T2 组成的基本放大器的电压放大倍数 A_{u1}、A_{u2} 和整个电路的电压放大倍数 A_u;然后闭合开关 K,再次测量负反馈后两级放大器的电压放大倍数 A_{uf1}、A_{uf2} 和总放大倍数 A_{uf},记录表格自拟。

②研究负反馈对放大器电压放大倍数稳定性的影响。当电源电压 V_{CC} 由 $+12$ V 降低到 $+9$ V(或增加到 $+15$ V)时,其他条件同上,分别测量相应的 A_u 和 A_{uf},按下列公式计算电压放大倍数的稳定性,并进行比较。

$$\frac{A_u(+12\text{V}) - A_u(+9\text{V})}{A_u(+12\text{V})} \times 100\% = \underline{\hspace{4cm}};$$

$$\frac{A_{uf}(+12\text{V}) - A_{uf}(+9\text{V})}{A_{uf}(+12\text{V})} \times 100\% = \underline{\hspace{4cm}}。$$

③观察负反馈对非线性失真的影响。开环状态下,保持输入信号频率 $f = 1$ kHz,用示波器观察输出波形刚刚出现失真时的情况,记录 U_o 的幅值。然后加入负反馈形成闭环,并加大 u_i,使 u_o 幅值达到开环时相同值,再观察输出波形的变化情况。对比以上两种情况,得出结论。

【思考题】

(1)测量基本放大器的各项指标时,为什么只需将开关 K 断开?

(2)能否说 $|1 + \dot{A}\dot{F}|$ 越大,负反馈效果越好?对多级放大器从末级向输入级引入负反馈,这

样做可以吗？为什么？

【实验报告要求】

(1)认真整理实验数据和波形,填入自拟表格中。

(2)分析实验结果,总结电压串联负反馈对放大器性能的影响。

6.6 差分放大电路

【实验目的】

(1)加深对差分放大电路性能及特点的理解。

(2)学习差分放大器主要性能指标的测试方法。

【实验器材】

信号发生器(一台);双踪示波器(一台);交流毫伏表(一块);万用表(一块);三极管(3DG6,三个);电位器(100 Ω,一个);面包板(一块);电阻元件、导线(若干)。

【实验原理】

图 6.6.1 所示为差分放大器的原理电路和仿真电路。它由两个元件参数相同的基本共射放大电路组成。当开关 K 拨向左边时,构成典型的差分放大器。调零电位器 RW 用来调节 T1、T2 的静态工作点,使得输入信号 $U_i = 0$ 时,双端输出电压 $U_o = 0$。Re 为两管共用的发射极电阻,它对差模信号无负反馈作用,因而不影响差模电压放大倍数,但对共模信号有较强的负反馈作用,故可以有效地抑制零漂,稳定静态工作点。

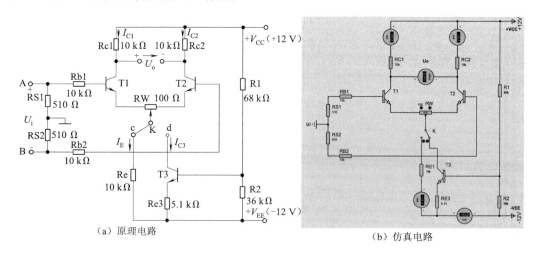

(a)原理电路 (b)仿真电路

图 6.6.1 差分放大器的原理电路和仿真电路

1. 静态工作点的估算

典型电路 $I_{C1} = I_{C2} = (1/2)I_E$($I_E$ 为开关 K 打到 C 端时通过 Re 的电流);

恒流源电路 $I_{C1} = I_{C2} = (1/2)I_{C3}$（$I_{C3}$ 为开关 K 打到 d 端时通过 T3 的集电极电流）。

2. 差模电压放大倍数和共模电压放大倍数

双端输出：$R_E = \infty$，RW 在中心位置时，

$$A_d = \frac{\Delta U_o}{\Delta U_i} = -\frac{\beta R_c}{R_b + r_{be} + \frac{1}{2}(1+\beta)R_W}$$

单端输出

$$A_{d1} = \frac{\Delta U_{C1}}{\Delta U_i} = \frac{1}{2}A_d$$

$$A_{d2} = \frac{\Delta U_{C2}}{\Delta U_i} = -\frac{1}{2}A_d$$

当输入共模信号时，若为单端输出，则有

$$A_{c1} = A_{c2} = \frac{\Delta U_{C1}}{\Delta U_i} = \frac{-\beta R_c}{R_b + r_{be} + (1+\beta)\left(\frac{1}{2}R_W + 2R_e\right)} \approx -\frac{R_c}{2R_e}$$

3. 共模抑制比 CMRR

为了表征差分放大器对有用信号（差模信号）的放大作用和对共模信号的抑制能力，通常用一个综合指标来衡量，即共模抑制比

$$\text{CMRR} = \left|\frac{A_d}{A_c}\right| \quad \text{或} \quad \text{CMRR} = 20\log\left|\frac{A_d}{A_c}\right|(\text{dB})$$

【实验内容】

1. 典型差分放大器性能测试

按图 6.6.1 连接实验电路，开关 K 拨向左边（c 端）构成典型差分放大器。

（1）测量静态工作点：

①调节放大器零点。信号源不接入，将放大器输入端 A、B 与地短接，接通 ±12 V 直流电源，用直流电压表测量输出电压 U_o，调节调零电位器 RW，使 $U_o = 0$。调节要仔细，力求准确。

②零点调好以后，用直流电压表测量 T1、T2 管各电极电位及射极电阻 Re 两端电压 U_{Re}，将结果记入表 6.6.1 中。

表 6.6.1　静态工作点测量

测量值	U_{C1}/V	U_{B1}/V	U_{E1}/V	U_{C2}/V	U_{B2}/V	U_{E2}/V
计算值	I_C/mA		I_B/mA		U_{CE}/V	

（2）测量差模电压放大倍数。断开直流电源，将函数信号发生器的输出端接放大器输入 A 端，地端接放大器输入 B 端，构成单端输入方式，调节输入信号为频率 $f = 1$ kHz 的正弦信号，并使输出旋钮旋至零，用示波器监视输出端（集电极 c1 或 c2 与地之间）。

接通 ±12 V 直流电源,逐渐增大输入电压 U_i(约 100 mV),在输出波形无失真的情况下,用交流毫伏表测 U_i,U_{C1},U_{C2},将结果记入表 6.6.2 中,并观察 u_i,u_{C1},u_{C2} 之间的相位关系及 U_{Re} 随 U_i 改变而变化的情况。

(3)测量共模电压放大倍数。将放大器 A、B 端短接,信号源接 A 端与地之间,构成共模输入方式,调节输入信号 $f=1$ kHz,$U_i=1$V(峰-峰值),在输出电压无失真的情况下,测量 U_{C1},U_{C2} 之值,记入表 6.6.2 中,并观察 u_i,u_{C1},u_{C2} 之间的相位关系及 U_{Re} 随 U_i 改变而变化的情况。

表 6.6.2 共模电压放大倍数测量

项目	典型差分放大电路		具有恒流源差分放大电路	
	单端输入	共模输入	单端输入	共模输入
U_i	100 mV	1V	100 mV	1 V
U_{C1}/V				
U_{C2}/V				
$A_{d1}=\dfrac{U_{c1}}{U_i}$				
$A_d=\dfrac{U_o}{U_i}$				
$A_{c1}=\dfrac{U_{c1}}{U_i}$				
$A_c=\dfrac{U_o}{U_i}$				
$CMRR=\left\|\dfrac{A_{d1}}{A_{c1}}\right\|$				

2. 具有恒流源的差分放大电路性能测试

将图 6.6.1 电路中开关 K 拨向右边,构成具有恒流源的差分放大电路。重复前面测量过程,并将测量结果记入表 6.6.2 中。

【思考题】

(1)差分放大器为什么需要调零?

(2)差分放大器为什么有高的共模抑制比?

【实验报告要求】

(1)认真整理实验数据和波形,填入自拟表格中。

(2)分析实验结果,总结几种差分放大器的放大特点。

6.7 运算放大电路的应用

【实验目的】

(1)研究由集成运算放大器组成的比例、加法、减法和积分等基本运算电路的方法。

（2）掌握集成运算放大器的使用方法，了解其在实际应用时应考虑的问题。

【实验器材】

双踪示波器（一台）；数字万用表（一块）；函数信号发生器（一台）；直流稳压电源（一台）；面包板（一块）；集成运算 IC（μA741 或 4558 或 LM324，两块）；电阻元件、导线（若干）。

【实验原理】

1. 集成运算放大器

集成运算放大器是一种电压放大倍数极高的直接耦合多级放大电路。根据"虚短"和"虚断"概念可知：当外部接入不同的线性或非线性元器件组成输入和负反馈电路时，可以灵活地实现各种特定的函数关系。在线性应用方面，可组成比例、加法、减法、积分、微分、对数等模拟运算电路。

2. 基本运算电路

几种典型的运算电路如图 6.7.1 所示。

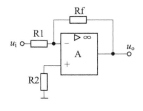

（a）反相比例运算电路

运算式：$u_o = -\dfrac{R_f}{R_1}u_i$

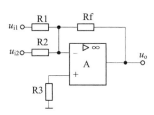

（b）反相加法运算电路

运算式：$u_o = -R_f\left(\dfrac{1}{R_1}u_{i1} + \dfrac{1}{R_2}u_{i2}\right)$

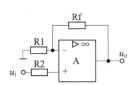

（c）同相比例运算电路

运算式：$u_o = \left(1 + \dfrac{R_f}{R_1}\right)u_i$

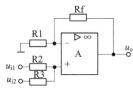

（d）同相加法运算电路

运算式：$u_o = \left(1 + \dfrac{R_f}{R_1}\right)\left[\left(\dfrac{R_3}{R_2 + R_3}\right)u_{i1} + \left(\dfrac{R_2}{R_2 + R_3}\right)u_{i2}\right]$

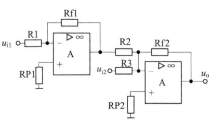

（e）减法运算电路

运算式：$u_o = \left(1 + \dfrac{R_f}{R_1}\right)\dfrac{R_3}{R_2 + R_3}u_{i2} - \dfrac{R_f}{R_1}u_{i1}$

（f）双运放减法运算电路

运算式：$u_o = -R_{f2}\left(-\dfrac{R_{f1}}{R_1 R_2}u_{i1} + \dfrac{1}{R_3}u_{i2}\right)$

图 6.7.1　几种典型的运算电路

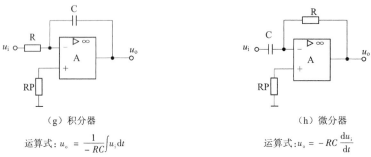

（g）积分器　　　　　　　　　　　　　（h）微分器

运算式：$u_o = \dfrac{1}{-RC}\displaystyle\int u_i \mathrm{d}t$　　　　　　　运算式：$u_o = -RC\dfrac{\mathrm{d}u_i}{\mathrm{d}t}$

图 6.7.1　几种典型的运算电路(续)

【实验内容】

1.仿真实验

通过单击 Proteus 操作界面的元器件选择按钮 ⌐P⌐，在 Operational Amplifiers 中选择 4559 或 LF442 或 TL082(内含双运放)器件或内含四运放的 LM324 等器件，如图 6.7.2 所示(注：所选器件右上角必须有 Schematic Model 字样；双运放的 IC 的④接 – 12 V，⑧接 + 12 V；四运放 LM324 的④接 + 12 V，⑪接 – 12 V)。

图 6.7.2　集成运放选择

(1)反相比例运算电路仿真图如图 6.7.3 所示。

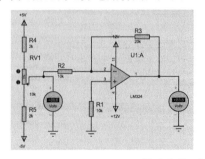
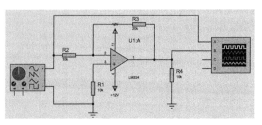

图 6.7.3　反相比例运算电路仿真图

（2）正相比例运算电路仿真图如图 6.7.4 所示。

（3）求和运算。求和直流运算电路仿真图如图 6.7.5 所示。设定 R4（1）信号源频率为 100 Hz，幅度为 10 V；R8（1）信号源频率为 300 Hz，幅度为 1 V；R2（1）信号源频率为 500 Hz，幅度为 0.3 V，仿真图如图 6.7.6 所示。

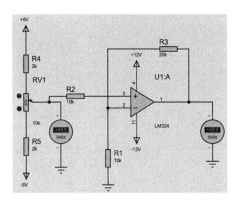

图 6.7.4　正相比例运算电路仿真图

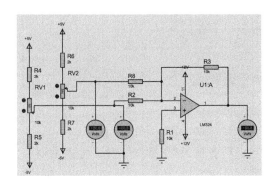 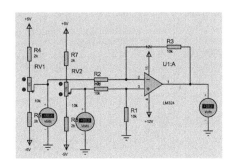

图 6.7.5　求和直流运算电路仿真图

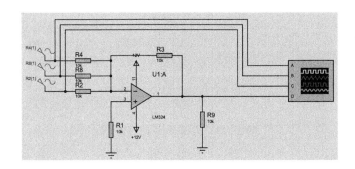

图 6.7.6　求和交流运算电路仿真图

（4）积分运算电路仿真图如图 6.7.7 所示。

（5）微分运算电路仿真图如图 6.7.8 所示。

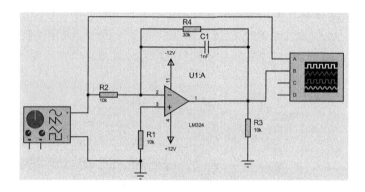

图 6.7.7 积分运算电路仿真图

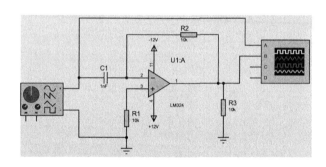

图 6.7.8 微分运算电路仿真图

2. 实测实验

本书实验采用 JRC4558D 集成运算放大电路进行验证,该集成运算放大电路内部框图如图 6.7.9 所示。将 JRC4558D 插入面包板中,选择直插电阻元件,用示波器自带信号源输出信号,并用示波器同时观测输入信号和输出信号,并测量其值,计算相应放大倍数。

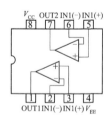

图 6.7.9 JRC4558D 内部框图

(1)反相比例运算电路:

①按图 6.7.1(a)连接实验电路,用万用表测量 R1、R2 和 Rf 的数值并记录下来,检查测量电路无误后接通 ±12 V 电源。

②输入 $f = 100$ Hz,$u_i = 1$ V 的正弦交流信号,用示波器同时观察 u_i 和 u_o 的波形并测量其数值,填入表 6.7.1 中。注意:u_i 和 u_o 的相位关系,u_i 和 u_o 分别对应图 6.7.9 中的 IN 和 OUT 与地

（GND）的数值。反相比例运算电路实测如图 6.7.10 所示。

（2）同相比例运算电路。按图 6.7.1（c）连接实验电路。实验步骤同上，将结果填入表 6.7.1 中。同相比例运算电路实测如图 6.7.11 所示。

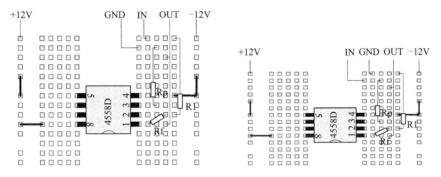

图 6.7.10 反相比例运算电路实测　　　图 6.7.11 同相比例运算电路实测

表 6.7.1 反相比例和同相比例运算电路测量（$f = 100\ \text{Hz}, u_i = 1\ \text{V}$）

项目	u_i/V	u_o/V	A_u 实测值	A_u 计算值	u_i 波形、u_o 波形（用两种颜色画图、标注坐标及单位）
反相比例运算电路	1				
同相比例运算电路	1				

自选实验

（1）反相加法运算电路：

①按图 6.7.1（b）连接实验电路。

②输入信号采用直流信号，用直流电压表测量输入电压 u_{i1}、u_{i2} 及输出电压 u_o，将结果填入表 6.7.2 中。

（2）减法运算电路：

①按图 6.7.1（e）连接实验电路。

②输入信号采用直流信号,实验步骤同反相加法运算电路,将结果填入表 6.7.2 中。

表 6.7.2　反相加法、减法运算电路测量

项目			0.2	0.2	0.2	−0.2	−0.2	−0.2
	u_{i1}/V		0.2	0.2	0.2	−0.2	−0.2	−0.2
	u_{i2}/V		0.1	0.2	0.3	0.1	0.2	0.3
反相加法	u_o/V	实测值						
		计算值						
减法	u_o/V	实测值						
		计算值						

【思考题】

(1)理想运算放大电路与实际运算放大器的主要区别是什么?

(2)怎样用"虚短"和"虚断"的概念分析运算放大电路?

(3)运算放大器的反馈电阻可否断开? 为什么?

【实验报告要求】

(1)整理测量结果,填写相关表格。

(2)把实测值与理论计算值比较,分析误差原因。

(3)试分析图 6.7.1(g)和图 6.7.1(h)所观察的波形成因。

6.8　RC 有源滤波电路

【实验目的】

(1)熟悉用集成运放、电阻元件和电容元件组成有源低通滤波器、高通滤波器和带通、带阻滤波器。

(2)学会测量有源滤波器的幅频特性。

【实验器材】

直流稳压电源(± 12 V,一台);函数信号发生器(一台);双踪示波器(一台);面包板(一块);μA741(一片);电阻元件、电容元件(若干)。

【实验原理】

由 RC 元件与运算放大器组成的滤波器称为 RC 有源滤波器,其功能是让一定频率范围内的信号通过,抑制或急剧衰减此频率范围以外的信号。可用在信息处理、数据传输、抑制干扰等方面,但因受运算放大器频带限制,这类滤波器主要用于低频范围。根据对频率范围的选择不同,可分为低通(LPF)、高通(HPF)、带通(BPF)与带阻(BEF)等四种类型,它们的幅频特性如图 6.8.1所示。

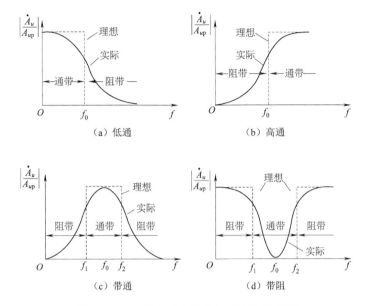

图 6.8.1　四种滤波电路的幅频特性示意图

　　具有理想幅频特性的滤波器是很难实现的,只能用实际的幅频特性去逼近理想的。一般来说,滤波器的幅频特性越好,其相频特性越差,反之亦然。滤波器的阶数越高,幅频特性衰减的速率越快,但 RC 网络的节数越多,元件参数计算越烦琐,电路调试越困难。任何高阶滤波器均可以用较低的二阶 RC 有滤波器级联实现。

1. 低通滤波器（LPF）

低通滤波器是用来通过低频信号并同时衰减或抑制高频信号的电路。

1）一阶低通滤波器

一阶低通滤波器由正比例运算放大器和一级 RC 滤波环节构成,如图 6.8.2 所示。

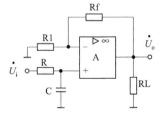

图 6.8.2　一阶低通滤波器

$$\dot{A}_u = \frac{\dot{U}_o}{\dot{U}_i} = \left(1 + \frac{R_f}{R_1}\right) \cdot \frac{1}{1 + j\omega RC} = \frac{A_0}{1 + j\dfrac{f}{f_H}}, 其中 f_H = \frac{1}{2\pi RC}$$

2）二阶低通滤波器

图 6.8.3（a）所示为典型的二阶低通滤波器电路图。它由两级 RC 滤波环节与同相比例运算

电路组成,其中第一级电容 C 接至输出端,引入适量的正反馈,以改善幅频特性。图 6.8.3(b)所示为二阶低通滤波器的幅频特性曲线。

$$\dot{A}_u = \frac{A_0}{1 - \left(\dfrac{f}{f_H}\right)^2 + j\dfrac{1}{Q} \cdot \dfrac{f}{f_H}}$$

电路性能参数:

$A_0 = 1 + \dfrac{R_f}{R_1}$,表示二阶低通滤波器的通带增益。

$f_H = \dfrac{1}{2\pi RC}$,表示截止频率,它是二阶低通滤波器通带与阻带的界限频率。

$Q = \dfrac{1}{3 - A_0}$,表示品质因数,它的大小影响低通滤波器在截止频率处幅频特性的形状。

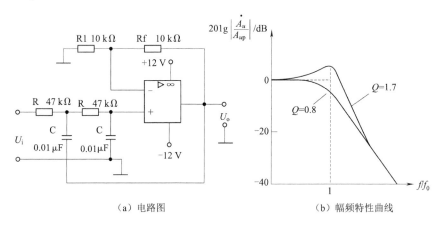

（a）电路图　　　　　　（b）幅频特性曲线

图 6.8.3　二阶低通滤波器

2. 高通滤波器(HPF)

1)一阶高通滤波器

与低通滤波器相反,高通滤波器用来通过高频信号,衰减或抑制低频信号。一阶高通滤波器如图 6.8.4 所示。其频率响应和低通滤波器是"镜像"关系,仿照低通滤波器的分析方法,不难求得高通滤波器的幅频特性。

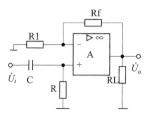

图 6.8.4　一阶高通滤波器

$$\dot{A}_u = \frac{\dot{U}_o}{\dot{U}_i} = \frac{A_0}{1 - \mathrm{j}\dfrac{f_L}{f}}, \text{其中} f_L = \frac{1}{2\pi RC}$$

2）二阶高通滤波器

图 6.8.5（a）所示为二阶高通滤波器电路图。图 6.8.5（b）所示为二阶高通滤波器的幅频特性曲线，可见，它与二阶低通滤波器的幅频特性曲线有"镜像"关系。

$$\dot{A}_u = \frac{\dot{U}_o}{\dot{U}_i} = \frac{\left(\mathrm{j}\dfrac{f}{f_L}\right)^2 A_0}{1 - \left(\dfrac{f}{f_L}\right)^2 - \mathrm{j}\dfrac{1}{Q}\cdot\dfrac{f}{f_L}}, \text{其中} f_L = \frac{1}{2\pi RC}$$

电路性能参数 A_0、Q 的含义同二阶低通滤波器。f_L 表示截止频率，它是二阶高通滤波器通带与阻带的界限频率。

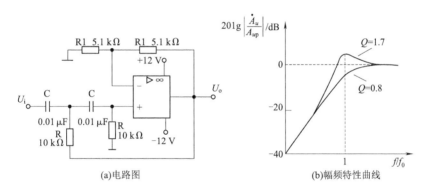

(a)电路图　　　　　(b)幅频特性曲线

图 6.8.5　二阶高通滤波器

3. 带通滤波器（BPF）

这种滤波器的作用是只允许在某一个通频带范围内的信号通过，而比通频带下限频率低和比上限频率高的信号均加以衰减或抑制。典型的带通滤波器可以从二阶低通滤波器中将其中一级改成高通而成，如图 6.8.6（a）所示。

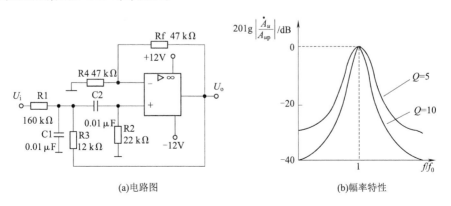

(a)电路图　　　　　(b)幅率特性

图 6.8.6　二阶带通滤波器

电路性能参数：

通带增益 $\quad A_0 = \dfrac{R_4 + R_f}{R_4 R_1 CB}$

中心频率 $\quad f_0 = \dfrac{1}{2\pi}\sqrt{\dfrac{1}{R_2 C^2}\left(\dfrac{1}{R_1} + \dfrac{1}{R_3}\right)}$

通带宽度 $\quad B = \dfrac{1}{C}\left(\dfrac{1}{R_1} + \dfrac{2}{R_2} - \dfrac{R_f}{R_3 R_4}\right)$

选择性 $\quad Q = \dfrac{\omega_0}{B}$

此电路的优点是改变 Rf 和 R4 的比例就可改变频宽而不影响中心频率。

电路选取：$C_1 = C_2 = C, R_1 = R_3 = R, R_2 = 2R$ 时可得带通滤波器中心频率 $f_0 = \dfrac{1}{2\pi RC}$。

4. 带阻滤波器（BEF）

带阻滤波器电路图如图6.8.7(a)所示，这种电路的性能和带通滤波器相反，即在规定的频带内，信号不能通过（或受到很大衰减或抑制）；而在其余频率范围，信号则能顺利通过。其幅频特性曲线如图6.8.7(b)所示。

在双 T 网络后加一级同相比例运算电路就构成了基本的二阶有源带阻滤波器。

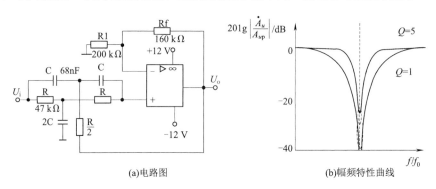

(a)电路图   (b)幅频特性曲线

图 6.8.7   二阶带阻滤波器

电路性能参数：

通带增益 $\quad A_0 = 1 + \dfrac{R_f}{R_1}$

中心频率 $\quad f_0 = \dfrac{1}{2\pi RC}$

带阻宽度 $\quad B = 2(2 - A_0)f_0$

选择性 $\quad Q = \dfrac{1}{2(2 - A_0)}$

电路选取：$C_1 = C_2 = C, C_3 = 2C, R_1 = R_2 = R, R_3 = R/2$ 时可得带阻滤波器中心频率 $f_0 = \dfrac{1}{2\pi RC}$。

【实验内容】

1. 低通滤波器

1）仿真

（1）启动 Proteus 软件，运算放大器选择 Operational Amplifier/Ideal 中的 OPAMP。

（2）用▣的"SINE"给放大器输入信号"Ui"，在输出端放置电压探针" ✎ "。Uo 如图 6.8.8
所示。

（3）用图形工具▨ 中的 FREQUENCY（频率特性）在电路原理框中画出特性曲线图，并依据
频率特性图找到 70% 处的频率转折点 f_H，如图 6.8.9 所示。

2）实测

一阶低通滤波器实测电路如图 6.8.2 所示。使用面包板，并选 $R_1 = 10$ kΩ、$R_f = 20$ kΩ、$R = $
15 kΩ、$C = 0.01$ μF 来搭建电路。二阶低通滤波电路亦可按所给电路测量（参数适当调整），表格
自拟。

（1）粗测：接通 ±12 V 电源。U_i 接函数信号发生器，令函数信号发生器输出信号幅度为 $U_i = $
1 V 的正弦波信号，在滤波器截止频率附近改变输入信号频率，用双踪示波器观察输出电压幅度
的变化是否具备低通特性，如不具备，应排除电路故障。

（2）细测：在输出波形不失真的条件下，选取适当幅度的正弦输入信号，在维持输入信号幅
度不变的情况下，逐点改变输入信号频率。测量输出电压，将结果记入表 6.8.1 中，描绘相应的
频率特性曲线。并找到频率转折点 f_H（转折点处应多设置测量点）。

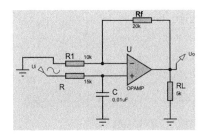 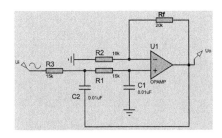

（a）一阶低通滤波 （b）二阶低通滤波

图 6.8.8 低通滤波器 Proteus 仿真电路

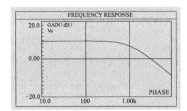 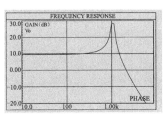

图 6.8.9 低通滤波器频率特性参考曲线

表 6.8.1   一阶低通滤波器频率特性测试($U_i = 1$ V)

f/kHz								
U_o/V								
A_u								

2. 高通滤波器

1)仿真

使用 Proteus 软件仿真高通滤波电路如图 6.8.10 所示。以前面介绍的低通滤波器仿真步骤仿真一阶和二阶高通滤波器特性曲线,其频率特性参考曲线如图 6.8.11 所示。依据频率特性参考曲线找到 70% 处的频率转折点 f_L。

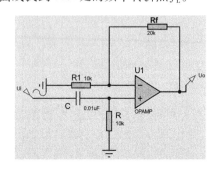

（a）一阶高通滤波   （b）二阶高通滤波

图 6.8.10   高通滤波器 Proteus 仿真电路

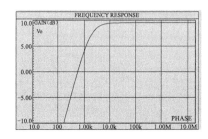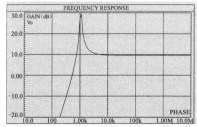

图 6.8.11   高通滤波器频率特性参考曲线

2)实测

实测电路如图 6.8.4 所示。使用面包板,并选 $R_1 = 10$ kΩ、$R_f = 20$ kΩ、$R = 10$ kΩ、$C = 0.01$ μF 来搭建电路。

(1)粗测:输入 $U_i = 1$ V 的正弦波信号,在滤波器截止频率附近改变输入信号频率,观察电路是否具备高通特性。

(2)测绘高通滤波器的幅频特性曲线,将结果记入表 6.8.2 中。描绘相应的频率特性曲线并找到频率转折点 f_L。

表 6.8.2   一阶高通滤波电路频率特性测试($U_i = 1$ V)

f/kHz								
U_o/V								
A_u								

3. 带通滤波器

1）仿真

使用 Proteus 软件仿真带通滤波电路如图 6.8.12 所示。以前面介绍的低通滤波器仿真步骤仿真带通滤波器特性曲线,其频率特性参考曲线如图 6.8.13 所示。依据频率特性参考曲线找到70% 处的频率带宽 $f_H - f_L$。

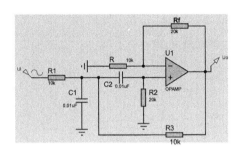

图 6.8.12 带通滤波电路

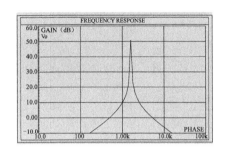

图 6.8.13 带通滤波器频率特性参考曲线

2）实测

实测电路如图 6.8.6(a)所示。实测电路的中心频率 f_0;以实测中心频率为中心,测绘电路的幅频特性,将结果记入表 6.8.3 中。

表 6.8.3 带通滤波电路频率特性测试($U_i = 1$ V)

f/kHz							
U_o/V							
A_u							

4. 带阻滤波器

1）仿真

使用 Proteus 软件仿真带阻滤波电路如图 6.8.14 所示。以前面介绍的低通滤波器仿真步骤仿真带阻滤波器特性曲线,其频率特性参考曲线如图 6.8.15 所示。依据频率特性参考曲线找到70% 处的频率带宽 $f_H - f_L$。

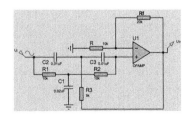

图 6.8.14 带阻滤波电路

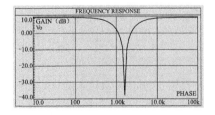

图 6.8.15 带阻滤波器频率特性参考曲线

2）实测

实测电路如图 6.8.7(a)所示。实测电路的中心频率 f_0;以实测中心频率为中心,测绘电路的幅频特性,将结果记入表 6.8.4 中。

表 6.8.4 带阻滤波电路频率特性测试($U_i = 1\text{V}$)

f/kHz								
U_o/V								
A_u								

【思考题】

(1)举例说明上述四种电路在实际生活中的应用范围及作用。

(2)带通滤波器与带阻滤波器有何不同?

【实验报告要求】

(1)认真整理实验数据,记录实验波形,填入表格中。

(2)分析实验结果,画出上述四种电路的幅频特性曲线图。

6.9 RC 文氏振荡电路

【实验目的】

(1)了解选频网络的组成及其选频特性。

(2)掌握 RC 正弦波振荡器的组成及其振荡条件。

(3)学会测量、调试选频网络和振荡器。

【实验器材】

双踪示波器(一台);集成运放 LM324(或 μA741、4558、4559 等一块);数字万用表(一块);面包板(一块);固定电阻元件、电位器、二极管、电容元件、导线(若干)。

【实验原理】

(1)RC 正弦波振荡电路如图 6.9.1 所示。

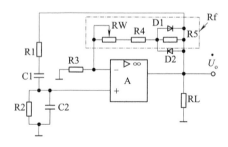

图 6.9.1 RC 正弦波振荡电路

电路参考参数:

$R_1 = R_2 = 15 \ \text{k}\Omega, C_1 = C_2 = 0.1 \ \mu\text{F}, R_3 = 5 \ \text{k}\Omega, R_4 = 8.2 \ \text{k}\Omega, R_5 = 2 \ \text{k}\Omega, R_\text{w} = 6.8\text{k}\Omega, D_1 \text{、} D_2$ 为 IN4001,集成运放选 μA741。

(2)RC 正弦波振荡电路元件参数选取条件

①振荡频率:在图 6.9.1 电路中,取 $R_1 = R_2 = R, C_1 = C_2 = C$,则电路的振荡频率为

$$f_0 = \frac{1}{2\pi RC}$$

②起振幅值条件:

$A_\text{f} = 1 + \dfrac{R_\text{f}}{R_1}$ 应略大于 3,R_f 应略大于 $2R_3$。其中 $R_\text{f} = R_\text{w} + R_4 + R_5 /\!/ R_\text{D}$($R_\text{D}$ 为二极管导通电阻)。

③稳幅电路。实际电路中,一般在负反馈支路中加入由两个相互反接的二极管和一个电阻构成的自动稳幅电路,其目的是利用二极管的动态电阻特性,抵消由于元件误差、温度引起的振荡幅度变化所造成的影响。

【实验内容】

1.仿真

图 6.9.2 为 Proteus 软件仿真电路图。仿真步骤如下:

(1)单击 Proteus 的运行按钮后,通过调整可调电阻 RW,观察示波器信号波形输出情况,无波形时,要将 RW 向阻值增大方向调整,直到有波形输出;然后细调 RW 至主输出波形刚好不失真为止。

(2)通过示波器读取振荡信号的振荡频率 f(也可由数字频率计算出)及输出信号幅度。填写到自设计表格中,并与理论计算值比较。

(3)设置不同的 RC 值,再测振荡频率及幅值。

(4)去掉 D1、D2,再调整 RW 直至电路有振荡信号输出,观察输出波形与有 D1、D2 时有何不同。

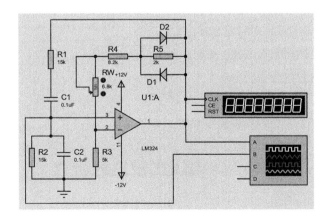

图 6.9.2　RC 文氏振荡电路仿真

2. 实测

(1)RC 文氏振荡电路实验。按图 6.9.1 连接电路,用示波器观察 U_o,调节负反馈电位器 RW,使输出 U_o 产生稳定的不失真的正弦波。

(2)设计性实验:

①设计内容:正弦波振荡电路。

②设计要求:振荡频率 $f_0 = 106$ Hz(误差在 1% 以内)、放大环节采用运算放大电路、输出无明显失真(加稳幅二极管)。

③实验要求:设计电路、选择元件并计算理论值。连接并调试电路,用示波器观察输出电压,得到不失真的正弦波信号。用示波器测量输出电压频率,测量 $U_{o(P-P)}$ 和 $U_{f(P-P)}$,计算反馈系数 $F = U_f/U_o$,将数据填入表 6.9.1 中。测试结果与理论值相比较,检验是否达到设计要求,如不满足,调整设计参数,直到满足要求为止。

表 6.9.1 振荡频率测试

电路状态	选频网络参数		$U_{o(P-P)}$/V	$U_{f(P-P)}$/V	$F = U_f/U_o$	f_0/Hz		RW 对振荡器稳定性和输出波形的影响
	R/kΩ	C/μF				理论	实测	
无稳幅二极管	15	0.1						
有稳幅二极管	15	0.1						

(3)测量反馈系数 F。在振荡电路输出为稳定、不失真的正弦波的条件下,测量 U_o 和 U_f,计算反馈系数 $F = U_f/U_o$。

【思考题】

(1)负反馈支路中 D1、D2 为什么能起到稳幅作用? 分析其工作原理。

(2)为保证振荡电路正常工作,电路参数应满足哪些条件?

(3)振荡频率的变化与电路中的哪些元件有关? 若要随时改变振荡器的频率,应采取什么措施?

【实验报告要求】

(1)绘制表格,整理实验数据和理论值并填入表中。

(2)总结改变负反馈深度对振荡电路起振的幅值条件及输出波形的影响。

(3)电路中哪些参数与振荡频率有关? 将振荡频率的实测值与理论估算值比较,分析产生误差的原因。

(4)作出 RC 串并联网络的幅频特性曲线。

6.10* 电压比较器的研究

【实验目的】

(1)通过实验学习电压比较器的工作原理及电路形式。

（2）研究参考电压和正反馈对电压比较器的传输特性的影响。

【实验器材】

信号发生器（一台）；双踪示波器（一台）；集成运放 LM324（或 μA741、4558、4559 等一块）；数字万用表（一块）；面包板（一块）；固定电阻元件、电位器、二极管、电容元件、导线（若干）。

【实验原理】

（1）图 6.10.1 所示为一最简单的电压比较器，U_R 为参考电压，输入电压 U_i 加在反相输入端。图 6.10.1（b）为图 6.10.1（a）的传输特性。

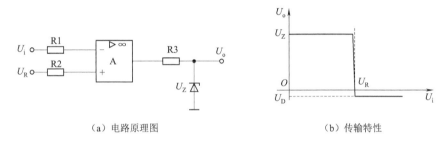

（a）电路原理图　　　　　　　　　　（b）传输特性

图 6.10.1　最简单的电压比较器

当 $U_i < U_R$ 时，集成放输出高电平，稳压管 D_Z 反向稳压工作。输出端电位被其钳位在稳压管的稳定电压 U_Z，即 $U_o = U_Z$。

当 $U_i > U_R$ 时，集成运放输出低电平，稳压管 D_Z 正向导通，输出端电压等于稳压管的正向压降 U_D，即 $U_o = -U_D$。

因此，以 U_R 为界，当输入电压 U_i 变化时，输出端反映两种状态：高电位和低电位。

（2）常用的幅度比较器有过零比较器、具有滞回特性的过零比较器（又称施密特触发器）、双限比较器（又称窗口比较器）等。

①图 6.10.2 所示为简单过零比较器。

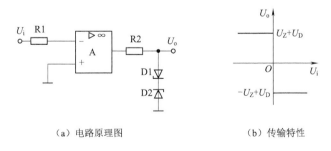

（a）电路原理图　　　　　　　　　　（b）传输特性

图 6.10.2　简单过零比较器

②图 6.10.3 所示为具有滞回特性的过零比较器。过零比较器在实际工作时，如果 U_i 刚好在过零值附近，则由于零点漂移的存在，U_o 将会不断由一个极限值转换到另一个极限值，这在控制系统中，对执行机构将是很不利的。为此就需要输出具有滞回特性，如图 6.10.3（c）所示。

从输出端引入一个电阻分压支路到同相输入端,若 U_o 改变状态,U_Σ 也随着改变电,使过零点离开原来位置。当 U_o 为正(记作 U_D),$U_\Sigma = \dfrac{R_2}{R_f + R_2} U_D$,则当 $U_D > U_\Sigma$ 后,U_o 再度回升到 U_D,于是出现图 6.10.3(c)中所示的滞回特性。$-U_\Sigma$ 与 U_Σ 的差称为回差。改变 R2 的数值可以改变回差的大小。

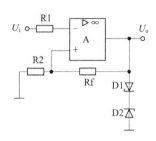 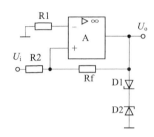 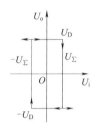

(a)反相滞回过零比较电路原理图　　　(b)同相滞回过零比较电路原理图　　　(c)传输特性

图 6.10.3　有滞回特性的过零比较器

③图 6.10.4 所示为窗口(双限)比较器。简单的比较器仅能鉴别输入电压 U_i 比参考电压 U_R 高或低的情况,窗口比较电路是由两个比较器组成的,如图 6.10.4(a)所示,它能指示 U_i 是否处于 U_R^+ 和 U_R^- 之间。

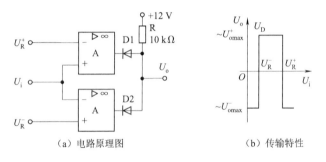

(a)电路原理图　　　　　　　　(b)传输特性

图 6.10.4　窗口(双限)比较器

【实验内容】

1. 过零比较器

(1)按图 6.10.2(a)所示电路在面包板上连接好电路(参数 $R_1 = 10\ \text{k}\Omega$,$R_2 = 5.1\ \text{k}\Omega$,D1 和 D2 为稳压值 5.1V 的 IN4733A),直流电源供电 ± 6 V,用万用表测量 U_i 悬空时的电压 U_o。

(2)从 U_i 输入 500 Hz,峰-峰值为 2 V 的正弦信号,用双踪示波器观察 $U_i - U_o$ 波形。

(3)仿真电路实验:

①按图 6.10.5 所示在 Proteus 电路原理图编辑窗口中画好电路,Vin 接信号源,Vout 接示波器。

②在 Proteus 中单击仿真按钮,启动仿真,观察分析仿真与实验实际输出的波形。

③输入端没有接入信号源时,测量输出端的电压(即读取 Vin 和 Vout 探针电压)。

④输入端接入频率为 500 Hz,有效值为 2 V 的正弦信号,观察输入、输出波形变化情况并记录。

⑤改变输入正弦信号的幅值,观察输入、输出波形变化情况并记录。

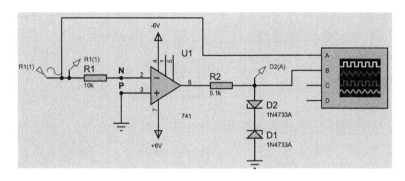

图 6.10.5　过零比较器仿真

2. 反相滞回过零比较器

(1)按图 6.10.3(a)所示正确连接电路($R_1 = R_2 = 10 \text{ k}\Omega$, $R_f = 100 \text{ k}\Omega$),打开直流开关,调好一个 $-3 \sim +3$ V 可调直流信号源作为 U_i,用万用表测量 U_i 由 $+3$ V 到 -3 V 时 U_o 值发生跳变时 U_i 的临界值,将结果记入表 6.10.1 中。

(2)同上,测出 U_i 由 -3V 到 $+3$V 时 U_o 值发生跳变时 U_i 的临界值,将结果记入表 6.10.2 中。

(3)把 U_i 改为接 500 Hz,峰-峰值为 2 V 的正弦信号,用双踪示波器观察 $U_i - U_o$ 波形。

表 6.10.1　U_i 由 $+3$ V 到 -3 V 的 U_o 变化

U_i/V					
U_o/V					

表 6.10.2　U_i 由 -3 V 到 $+3$ V 的 U_o 变化

U_i/V					
U_o/V					

(4)仿真电路实验。按图 6.10.6 所示绘制好仿真电路,通过仿真按钮在虚拟示波器中观察并进行测量,测量数值记入自拟表格,改变 RV1 值,看看转折点有无变化。

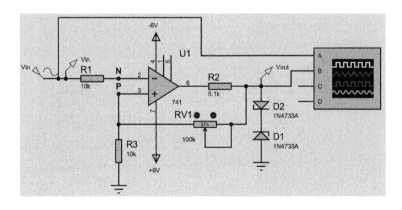

图 6.10.6　反相滞回过零比较器仿真

3. 同相滞回过零比较器

（1）按图6.10.3(b)所示正确连接电路，打开直流开关，调好一个 $-3 \sim +3$ V可调直流信号源作为 U_i，用万用表测量出 U_i 由 $+3$ V 到 -3 V 时 U_o 值发生跳变时 U_i 的临界值。同上，测出 U_i 由 -3 V 到 $+3$ V 时 U_o 值发生跳变时 U_i 的临界值。把 U_i 改为接 500 Hz，峰峰值为 2 V 的正弦信号，用双踪示波器观察 $U_i - U_o$ 波形。

（2）将结果与反相滞回过零比较器相比较。

（3）仿真实验电路。按图6.10.7所示绘制好仿真电路，通过仿真按钮在虚拟示波器中观察并进行测量，测量数值记入自拟表格，改变 RV1 值，看看转折点有无变化。

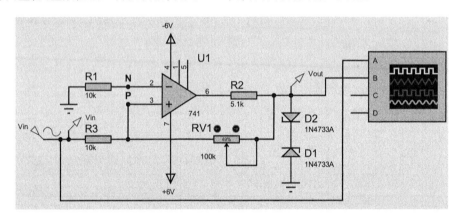

图 6.10.7　同相滞回比较器仿真

4. 窗口比较器

按图6.10.4(a)所示正确连接电路，从 U_i 输入频率为 500 Hz，峰-峰值为 2 V 的正弦信号，用双踪示波器观察 $U_i - U_o$ 波形及其传输特性。仿真实验参考图6.10.8所示电路进行。可通过调整上、下参考电压值，观察波形的变化。

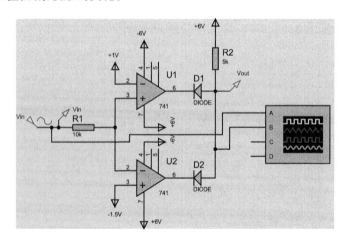

图 6.10.8　窗口电压比较器仿真

【思考题】

(1)比较电路是否需要调零,为什么?

(2)比较电路输入端电阻是否要求对称?

(3)集成运放输入端电位差如何估算?

【实验报告要求】

(1)列出各实验电路设计步骤及元件的计算值。

(2)用坐标纸描绘观测到的各个信号的波形。

(3)将各实验结果进行分析讨论。

第 7 章

数字电子技术基础实验 <<<

7.1 门电路逻辑功能与测试

【实验目的】

(1) 了解与熟悉基本门电路逻辑功能。

(2) 掌握门电路逻辑功能的测试方法,并进行验证,加深对门电路逻辑功能的认识。

(3) 熟悉门电路的外形、引脚排列及其使用方法。

【实验器材】

DE2-115 型实验板(一块);74LS08 芯片(一片);74LS32 芯片(一片);74LS04 芯片(一片);74LS00 芯片(一片);74LS02 芯片(一片);74LS86 芯片(一片);万用表(一块);逻辑笔(一支);面包板(一块);导线(若干)。

【实验原理】

常见逻辑门包括与、或、非、与非、或非、异或门六种,其逻辑关系式如下:

$$\text{与}:Y = AB \qquad \text{或}:Y = A + B \qquad \text{非}:Y = \overline{A}$$

$$\text{与非}:Y = \overline{AB} \qquad \text{或非}:Y = \overline{A + B} \qquad \text{异或}:Y = A \oplus B$$

其对应的逻辑集成电路有 74LS08(与门)、74LS32(或门)、74LS04(反相器)、74LS00(与非门)、74LS02(或非门)、74LS86(异或门)。

【实验内容】

实验前首先按实验仪使用说明检查实验仪是否正常;然后选择实验用的 IC,按设计的实验接线图接好线,特别注意 V_{CC} 及地线不能接错。线接好后仔细检查无误后方可通电实验。实验中需要改动接线时,必须先断开电源,接好后再通电实验。

1. 与门、或门、非门的逻辑功能测试

1) 与门的逻辑功能测试

按图 7.1.1 所示连接电路,输入端分别接逻辑开关 A、B,输出端接指示器。改变输入端电平,A、B 依次接入"00"、"01"、"10"和"11",观察输出端指示器的状态(亮为"1",灭为"0"),将实验结果填入表 7.1.1 中,并写出输出 Y 的逻辑函数表达式,并说明电路的逻辑功能。

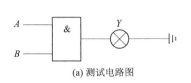
(a) 测试电路图

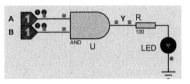
(b) 软件仿真图

图 7.1.1 与门逻辑功能测试电路图及软件仿真图

表 7.1.1 与门逻辑真值表

输　入	输　出
A　B	Y
0　0	
0　1	
1　0	
1　1	

逻辑函数表达式 $Y =$ _____ ,逻辑功能:_____。

2)或门的逻辑功能测试

按图 7.1.2 所示连接电路,将 A、B 依次接入"00"、"01"、"10" 和 "11",观察输出端指示器的状态(亮为"1",灭为"0"),将实验结果填入表 7.1.2 中,并写出输出 Y 的逻辑函数表达式,并说明电路的逻辑功能。

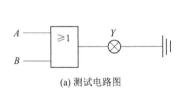
(a) 测试电路图

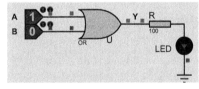
(b) 软件仿真图

图 7.1.2 或门逻辑功能测试电路图及软件仿真图

表 7.1.2 或门逻辑真值表

输　入	输　出
A　B	Y
0　0	
0　1	
1　0	
1　1	

逻辑函数表达式 $Y =$ _____ ,逻辑功能:_____。

3)非门的逻辑功能测试

按图 7.1.3 所示连接电路,输入端接逻辑开关 A,依次接入"0"和"1",观察输出端指示器的状态(亮为"1",灭为"0"),将实验结果填入表7.1.3中,并写出输出 Y 的逻辑函数表达式,并说明电路的逻辑功能。

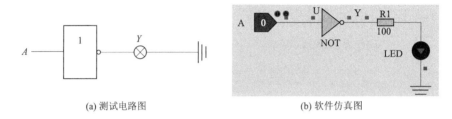

(a) 测试电路图　　　　　　　　　　(b) 软件仿真图

图7.1.3　非门逻辑功能测试电路图及软件仿真图

表7.1.3　非门逻辑真值表

输　　入	输　　出
A	Y
0	
1	

逻辑函数表达式 $Y =$ ＿＿＿＿＿＿,逻辑功能:＿＿＿＿＿。

2. 与非门、或非门、异或门的逻辑功能测试(任选一个逻辑门)

1)与非门的逻辑功能测试

按图7.1.4所示连接电路,将 A、B 输入端接逻辑开关 A、B,依次接入"00"、"01"、"10"和"11",观察输出端指示器的状态(亮为"1",灭为"0"),将实验结果填入表7.1.4中,并写出输出 Y 的逻辑函数表达式和电路的逻辑功能。

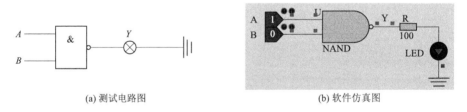

(a) 测试电路图　　　　　　　　　　(b) 软件仿真图

图7.1.4　与非门逻辑功能测试电路图及软件仿真图

表7.1.4　与非门逻辑真值表

输　　入	输　　出
A　B	Y
0　0	
0　1	
1　0	
1　1	

逻辑函数表达式 $Y =$ ＿＿＿＿＿＿,逻辑功能:＿＿＿＿＿。

2）或非门的逻辑功能测试

按图 7.1.5 所示连接电路,将 A、B 输入端接逻辑开关 A、B,依次接入"00"、"01"、"10"和"11",观察输出端指示器的状态(亮为"1",灭为"0"),将实验结果填入表 7.1.5 中,并写出输出 Y 的逻辑函数表达式和电路的逻辑功能。

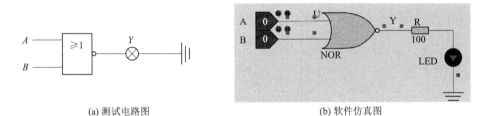

(a) 测试电路图　　　　　　　　　　(b) 软件仿真图

图 7.1.5　或非门逻辑功能测试电路图及软件仿真图

表 7.1.5　或非门逻辑真值表

输　入	输　出
$A\quad B$	Y
0　0	
0　1	
1　0	
1　1	

逻辑函数表达式 $Y=$ ＿＿＿＿＿＿,逻辑功能:＿＿＿＿＿＿。

3）异或门的逻辑功能测试

按图 7.1.6 所示连接电路,将 A、B 输入端依次接入"00"、"01"、"10"和"11",观察输出端指示器的状态(亮为"1",灭为"0"),将实验结果填入表 7.1.6 中,并写出输出 Y 的逻辑函数表达式和电路的逻辑功能。

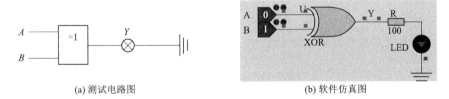

(a) 测试电路图　　　　　　　　　　(b) 软件仿真图

图 7.1.6　异或门逻辑功能测试电路图及软件仿真图

表 7.1.6　异或门逻辑真值表

输　入	输　出
$A\quad B$	Y
0　0	
0　1	
1　0	
1　1	

逻辑函数表达式 $Y =$ _____ ,逻辑功能: _____ 。

3.逻辑功能转换——用与非门实现与或非逻辑功能

用 74LS00(即四个二输入与非门)实现与或非逻辑 $Y = \overline{AB + CD}$ 。

(1)把与或非逻辑 $Y = \overline{AB + CD}$ 转换成与非逻辑表达式 $Y = \overline{\overline{AB} \cdot \overline{CD}}$ 。

(2)仿真电路图如图 7.1.7 所示。

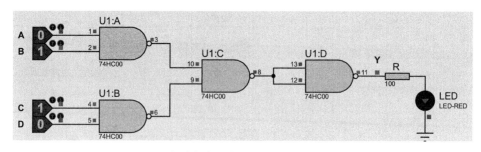

图 7.1.7　与非门实现与或非逻辑功能仿真电路图

(3)按照图 7.1.7 所示电路图连线得到实验测试图。改变四输入信号 A、B、C、D 的输入状态,观察输出状态。填写逻辑真值表(见表 7.1.7),得出逻辑函数表达式。

表 7.1.7　逻辑真值表

输 入 信 号				输出	输 入 信 号				输出
A	B	C	D	Y	A	B	C	D	Y
0	0	0	0		1	0	0	0	
0	0	0	1		1	0	0	1	
0	0	1	0		1	0	1	0	
0	0	1	1		1	0	1	1	
0	1	0	0		1	1	0	0	
0	1	0	1		1	1	0	1	
0	1	1	0		1	1	1	0	
0	1	1	1		1	1	1	1	

逻辑函数表达式 $Y =$ _____ 。

【FPGA 实验板验证电路图】

以上逻辑测试在 FPGA 实验板上验证时,可使用 Quartus Ⅱ 10.0 设计出相关图形电路,如图 7.1.8所示。

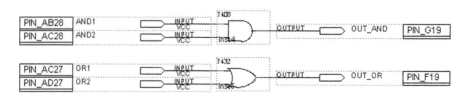

图 7.1.8　FPGA 实验板验证电路图

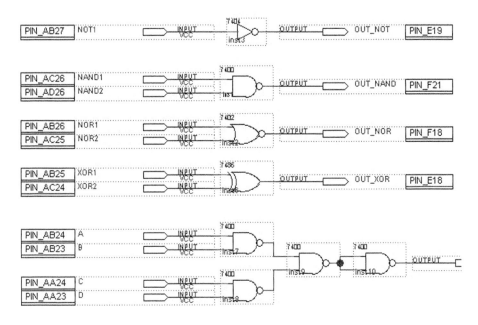

图 7.1.8　FPGA 实验板验证电路图(续)

【思考题】

(1)如何判断门电路逻辑功能是否正常?

(2)门电路多余输入端应该如何处理? (提示:接地、接电源端、输入端并联。)

(3)为什么 TTL 门电路的输入端经过电阻接地其状态与阻值有关?

【实验报告要求】

(1)整理实验数据,判断各门电路的逻辑功能。

(2)比较 Proteus 逻辑仿真结果与实测现象,记录相关内容,针对实测异常情况给出相应解释。

7.2　译码器及其应用

【实验目的】

(1)掌握利用译码器设计组合逻辑电路的方法。

(2)掌握数据选择器的使用方法。

【实验器材】

DE2-115 型实验板(一块);74LS20 芯片(一片);74LS138 芯片(一片);万用表(一块);逻辑笔(一支);面包板(一块);导线(若干)。

【实验原理】

(1)组合逻辑电路的设计就是按照具体逻辑命题设计出最简单的组合电路。具体步骤如下:

①根据给定事件的因果关系列出真值表。

②由真值表写逻辑函数式。

③对逻辑函数式进行化简或变换。

④画出逻辑图,并测试逻辑功能。

(2)在数字系统中,常常要在一定的条件下将代码翻译出来作为控制信号,这就需要由译码器来实现。

①译码器特点:多输入、多输出组合逻辑电路,输入是以 n 位二进制代码形式出现的,输出是与之对应的电位信息。

②译码器分类:

a. 通用译码器:二进制、二-十进制译码器。

b. 显示译码器:TTL 共阴显示译码器(用高电平点亮共阴显示器)、TTL 共阳显示译码器(用低电平点亮共阳显示器)、CMOS 显示译码器。

③译码器应用:用于代码的转换、终端的数字显示、数据分配、存储器寻址组合信号控制等。

(3)数码显示器(简称"数码管"):用来显示数字、文字或符号的器件。

目前广泛使用的是七段数码显示器。七段数码显示器由 a ~ g 等七段可发光的线段拼合而成,控制各段的亮或灭可以显示不同的字符或数字。

七段数码显示器有发光二极管(LED)数码管和液晶显示器(LCD)两种。LED 数码管分为共阴管和共阳管,目前使用最广泛。

(4)与非门的逻辑函数表达式: $Y = \overline{AB}$ 。74LS20 为双四输入与非门,即在一块集成块内含有两个相互独立的与非门,每个与非门有四个输入端,如图 7.2.1 所示。

(5)74LS138 芯片引脚中三根地址输入线 C,B,A,它们共有八种状态的组合,即可译出八个输出信号 Y0 ~ Y7。G1、$\overline{G2A}$ 和 $\overline{G2B}$ 为三个使能输入端,对于正逻辑,当 G1 为 1,且 $\overline{G2A}$ 和 $\overline{G2B}$ 为 0 时,译码器处于工作状态,如图 7.2.2 所示,其逻辑功能如表 7.2.1 所示。

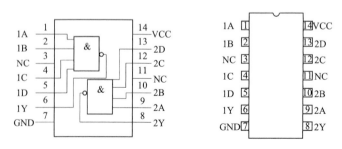

图 7.2.1　74LS20 内部结构图和引脚图

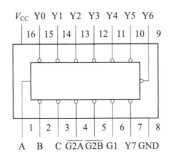
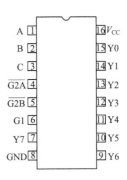

图 7.2.2 74LS138 译码器内部结构图和引脚图

表 7.2.1 74LS138 逻辑功能表

使能输入端			选择输入端			输 出 端							
G1	$\overline{G2A}$	$\overline{G2B}$	C	B	A	Y 0	Y 1	Y 2	Y 3	Y 4	Y 5	Y 6	Y 7
×	H	×	×	×	×	H	H	H	H	H	H	H	H
×	×	H	×	×	×	H	H	H	H	H	H	H	H
L	×	×	×	×	×	H	H	H	H	H	H	H	H
H	L	L	L	L	L	L	H	H	H	H	H	H	H
H	L	L	L	L	H	H	L	H	H	H	H	H	H
H	L	L	L	H	L	H	H	L	H	H	H	H	H
H	L	L	L	H	H	H	H	H	L	H	H	H	H
H	L	L	H	L	L	H	H	H	H	L	H	H	H
H	L	L	H	L	H	H	H	H	H	H	L	H	H
H	L	L	H	H	L	H	H	H	H	H	H	L	H
H	L	L	H	H	H	H	H	H	H	H	H	H	L

【实验内容】

(1)分别测试 74LS20、74LS138 的逻辑功能,画出测试图,表格自拟(含仿真数据)。仿真图如图 7.2.3、图 7.2.4 所示。

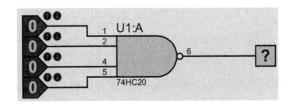

图 7.2.3 74LS20 逻辑功能测试仿真图

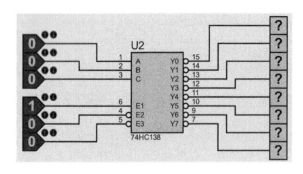

图 7.2.4 74LS138 逻辑功能测试仿真图

（2）8421BCD 译码、二 – 十进制译码。用 74LS138 设计一位全减器电路，其模型如图 7.2.5 所示，其要求如下：

①列出真值表。

②写出相关表达式。

③画出接线图。

④实验验证其逻辑功能。

图 7.2.5 全减器模型

（3）用 74LS138 设计产生逻辑函数 $Y = \overline{CAB} + \overline{AC} + BC$，其要求如下：

①列出真值表。

②写出相关表达式。

③画出接线图。

④实验验证其逻辑功能。

（4）在实验箱中，将数码管的四输入端分别接入四个开关，给定输入信号 0000 到 1111，观察数码管的显示并记录。

【FPGA 实验板验证电路图】

FPGA 实验板验证电路图如图 7.2.6 所示。

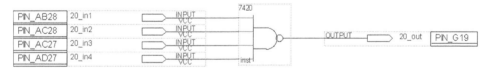

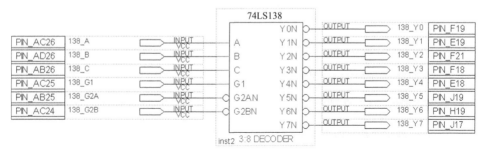

图 7.2.6 FPGA 实验板验证电路图

【思考题】

（1）在 Proteus 实验中,若将硬件实验2中的全减器电路作为一个可被调用的子电路模型,该如何做?

（2）如用两片3线－8线译码器74LS138组成4线－16线译码器,该如何连接? 试画出接线图,并在 Proteus 中实现。

【实验报告要求】

（1）整理有关实验数据,总结利用逻辑器件设计译码器电路的方法。

（2）比较 Proteus 逻辑仿真结果与实测现象,记录相关内容,针对实测异常情况给出相应解释。

7.3 编码器实验

【实验目的】

（1）加深理解编码器的逻辑功能。

（2）掌握优先编码器的特点及规律。

【实验器材】

DE2-115 型实验板（一块）;4 线七段译码器/驱动器74248（一片）;面包板（一块）;逻辑分析仪（一台）;导线（若干）。

【实验原理】

74LS248:4 线—七段译码器/驱动器（BCD 输入,有上拉电阻）,引脚图如图 7.3.1 所示,功能表见表7.3.1。

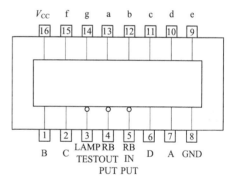

图 7.3.1 74LS248 引脚图

表 7.3.1 74LS248 功能表

进制/功能	输 入 端						BI/RBO	输 出 端							备注
	LT	RBI	D	C	B	A		a	b	c	d	e	f	g	
0	H	H	L	L	L	L	H	H	H	H	H	H	H	L	1
1	H	×	L	L	L	H	H	L	H	H	L	L	L	L	1
2	H	×	L	L	H	L	H	H	H	L	H	H	L	H	
3	H	×	L	L	H	H	H	H	H	H	H	L	L	H	
4	H	×	L	H	L	L	H	L	H	H	L	L	H	H	
5	H	×	L	H	L	H	H	H	L	H	H	L	H	H	
6	H	×	L	H	H	L	H	H	L	H	H	H	H	H	
7	H	×	L	H	H	H	H	H	H	H	L	L	L	L	1
8	H	×	H	L	L	L	H	H	H	H	H	H	H	H	

续表

进制/功能	输入端						BI/RBO	输出端							备注
	LT	RBI	D	C	B	A		a	b	c	d	e	f	g	
9	H	×	H	L	L	H	H	H	H	H	H	L	H	H	
10	H	×	H	L	H	L	H	L	L	L	H	H	L	H	
11	H	×	H	L	H	H	H	L	L	H	H	L	L	H	
12	H	×	H	H	L	L	H	L	H	L	L	L	H	H	
13	H	×	H	H	L	H	H	H	L	L	H	L	H	H	
14	H	×	H	H	H	L	H	L	L	L	H	H	H	H	
15	H	×	H	H	H	H	H	L	L	L	L	L	L	L	
BI	×	×	×	×	×	×	L	L	L	L	L	L	L	L	2
RBI	H	L	L	L	L	L	L	L	L	L	L	L	L	L	3
LT	L	×	×	×	×	×	H	H	H	H	H	H	H	H	4

【实验内容】

1.8 线 – 3 线二进制编码器功能测试

（1）表 7.3.2 是 8 线 – 3 线二进制编码器真值表，根据此真值表写出各输出逻辑函数的表达式，在 Proteus 的电路设计区创建用"或门"实现的逻辑图。

表 7.3.2 8 线 – 3 线二进制编码器真值表

输 入 端								输 出 端		
A7	A6	A5	A4	A3	A2	A1	A0	Y2	Y1	Y0
0	0	0	0	0	0	0	1	0	0	0
0	0	0	0	0	0	1	0	0	0	1
0	0	0	0	0	1	0	0	0	1	0
0	0	0	0	1	0	0	0	0	1	1
0	0	0	1	0	0	0	0	1	0	0
0	0	1	0	0	0	0	0	1	0	1
0	1	0	0	0	0	0	0	1	1	0
1	0	0	0	0	0	0	0	1	1	1

（2）从仪器库中选择字信号发生器，将图标下沿的输出端口连接到电路的输入端，打开面板，按照真值表中输入的要求，编辑字信号并进行其他参数的设置。

（3）从仪器库中选择逻辑分析仪，将图标左边的输入端口连接到电路的输出端，打开面板，进行必要合理的设置。

（4）从指示元件库中选择彩色指示灯，接至电路输出端。

（5）单击字信号发生器"Step"（单步）输出方式，记录彩色指示灯的状态（亮代表"1"，灭代表"0"）。记录逻辑分析仪所示波形并与真值表比较。

2.74LS147 优先编码器的功能测试及应用

（1）输入端 0~7 分别加低电平以及均为低电平或高电平时（见图 7.3.2），观察并记录输出端 A、B、C、D 的逻辑状态，功能表格自拟。

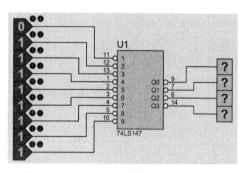

图 7.3.2　74LS147 逻辑功能测试仿真图

（2）74LS147 的应用。

74LS147 优先编码器、74LS248 显示译码及七段字型显示器组成的优先编码器/译码器实验电路如图 7.3.3 所示。当输入端 1~9 分别为低电平以及均为低电平或高电平时，观察显示器显示的数字。

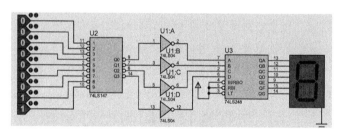

图 7.3.3　74LS147 优先编码器应用仿真图

【FPGA 实验板验证电路】

FPGA 实验板验证电路如图 7.3.4、图 7.3.5 所示。

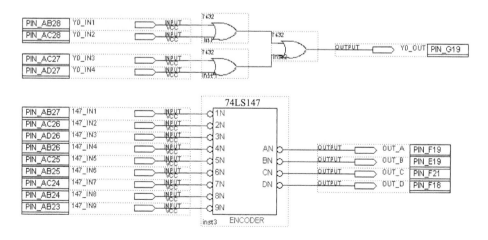

图 7.3.4　FPGA 实验板验证电路图（8 线 – 3 线编码器 74LS147 功能测试）

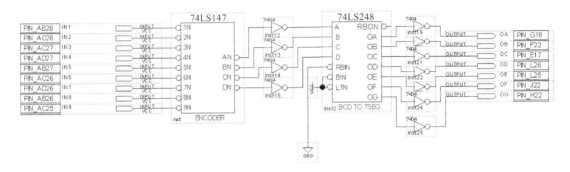

图 7.3.5　FPGA 实验板验证电路图(74LS147 译码数码显示)

【思考题】

(1)74LS148 优先编码器的优先权是如何设置的？结合真值表分析其逻辑关系。

(2)译码数码管的引脚有四个,74LS148 的输出代码仅有三位,多余的引脚应如何处理？为什么？

【实验报告要求】

(1)整理有关实验数据,总结利用逻辑器件设计编码器电路的方法。

(2)比较 Proteus 逻辑仿真结果与实测现象,记录相关内容,针对实测异常情况给出相应解释。

7.4　数据选择器和数据分配器

【实验目的】

(1)了解数据选择器与数据分配器的工作原理。

(2)熟悉数据选择器的应用。

(3)学习用数据选择器和数据分配器构成八路数据传输系统的方法。

【实验器材】

DE2-115 型实验板(一块);74LS151 芯片(一片);74LS138 芯片(一片);面包板(一块);逻辑分析仪(一台);导线(若干)。

【实验原理】

1. 数据选择器

数据选择器又称多路选择器或多路开关,它的主要功能是从多路输入数据中选择一路作为输出,具体选择哪一路由当时的控制信号决定。数据选择器具有多种形式,有传送一组一位数码的一位数据选择器,也有传送一组多位数码的多位数据选择器。这里选用的是八选一数据选择器 74LS151。数据选择器由三部分组成,即数据选择控制(又称地址输入)电路、数据输入电路和数据输出电路。74LS151 引脚图如图 7.4.1 所示。

2. 数据分配器

数据分配器的功能是将单一信号,传送给多个目标中的一个,具体选中哪一路,由地址选择线决定。

通常将具有使能端的变量译码器用作数据分配器。本书实验中所用的 74LS138 作为变量译码器使用时,C、B、A 为输入端,Y0 ~ Y7 为输出端,G1、G2A、G2B 为使能控制端;当 74LS138 作为数据分配器使用时,G2B 为数据输入端,C、B、A 为地址输入端,G1 和 G2A 为使能控制端。74LS138 引脚图如图 7.4.2 所示。

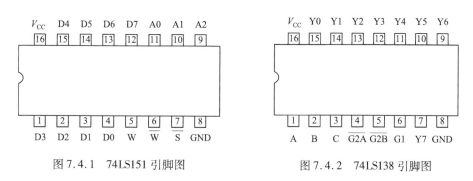

图 7.4.1　74LS151 引脚图　　　　　图 7.4.2　74LS138 引脚图

3. 多路数据传输系统

数据分配器经常和数据选择器一起构成数据传输系统。其主要特点是可以用很少几根线实现多路数据信息的传送,但它的缺点是输送速率较低。这种系统主要用于长距离传送或者大规模集成电路中受引出线端子数量限制且对传输速率要求不高的场合。

本书实验中用 74LS151 和 74LS138 构成八路数据传输系统,如图 7.4.3 所示。

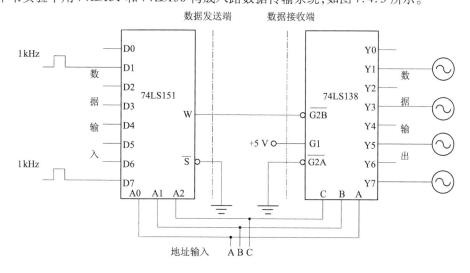

图 7.4.3　八路数据传输系统

【实验内容】

测试八路数据传输系统的性能。仿真电路图如图7.4.4所示。输入信号改变地址,用示波器测出每一路输出的波形,并进行分析,将结果记入表7.4.1中。

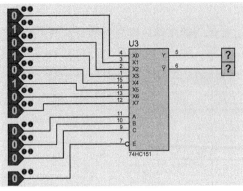

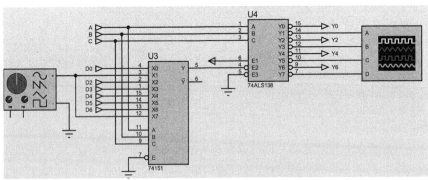

图 7.4.4　八路数据传输系统仿真电路图

表 7.4.1　八路数据传输系统结果记录表

地址输入	数据输入	数据输出
C B A	D7 D6 D5 D4 D3 D2 D1 D0	Y7 Y6 Y5 Y4 Y3 Y2 Y1 Y0
0 0 0		
0 0 1		
0 1 0		
0 1 1		
1 0 0		
1 0 1		
1 1 0		
1 1 1		

【思考题】

(1)数据选择器与数据分配器有何不同?

(2)数据选择器与数据分配器分别用于什么场合?

【实验报告要求】

(1)整理实验逻辑数据,认真填写表格。

(2)分析逻辑数据测试结果,验证数据选择器与数据分配器的逻辑规则。

(3)比较 Proteus 逻辑仿真结果与实测现象,记录相关内容,针对实测异常情况给出相应解释。

7.5 全加器及其应用

【实验目的】

(1)加深理解组合逻辑电路的特点和一般分析方法、设计方法。

(2)掌握 74LS283 四位二进制加法器的使用方法。

【实验器材】

DE2-115 型实验板(一块);74LS00 芯片(一片);74LS86 芯片(一片);74LS04 芯片(一片);74LS283 芯片(一片);面包板(一块);逻辑分析仪(一台);导线(若干)。

【实验原理】

半加器(half adder)电路是指对两个输入数据位相加,输出一个结果位和进位,没有进位输入的加法器电路。是实现两个一位二进制数加法运算的电路。

全加器(full-adder)是用门电路实现两个二进制数相加并求和的组合逻辑电路,称为一位全加器。一位全加器可以处理低位进位,并输出本位加法进位。多个一位全加器进行级联可以得到多位全加器。

【实验内容】

1.设计并测试全加器的逻辑功能

用门电路组成的全加器参考电路如图 7.5.1 所示,改变输入信号的高、低电平,观察输出端的状态变化,写出 S_i 和 C_i 数值(见表 7.5.1)及逻辑表达式。

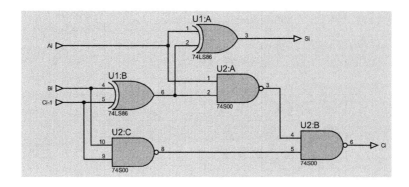

图 7.5.1 全加器仿真图

表7.5.1 逻辑真值表

Ai	Bi	Ci – 1	Si	Ci	Ai	Bi	Ci – 1	Si	Ci
0	0	0			1	0	0		
0	0	1			1	0	1		
0	1	0			1	1	0		
0	1	1			1	1	1		

Si = ＿＿＿＿＿＿＿＿＿＿＿＿＿＿＿ 。

Ci = ＿＿＿＿＿＿＿＿＿＿＿＿＿＿＿ 。

2.超前进位集成4位加法器74LS283功能测试

74LS283功能测试电路如图7.5.2所示。改变输入 A3A2A1A0、B3B2B1B0 的状态(自行设计),观察输出端的输出结果,并将输出结果填入表7.5.2中。

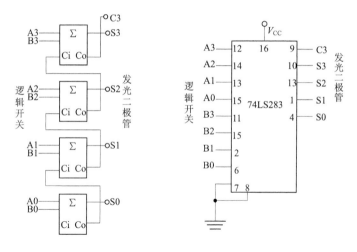

图 7.5.2　74LS283 功能测试电路

表 7.5.2　74LS283 逻辑功能表

输入信号		输出信号	
A3 A2 A1 A0	B3 B2 B1 B0	C3	S3S2S1S0

3. 利用 74LS283 设计一个 8421BCD 码加法器

利用 74LS283 设计一个 8421BCD 码加法器,实现两个一位十进制数加法运算。BCD 码加法器原理框图如图 7.5.3 所示。试设计此逻辑电路,画出电路连线图,并检验其功能。

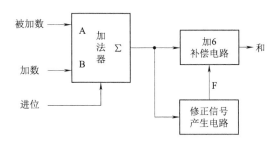

图 7.5.3　BCD 码加法器原理框图

【FPGA 实验板验证电路图】

FPGA 实验板验证电路图如图 7.5.4、图 7.5.5 所示。

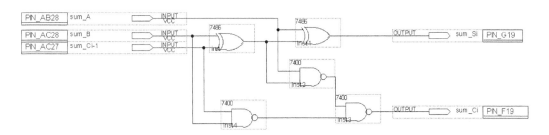

图 7.5.4　FPGA 实验板验证电路图(全加器)

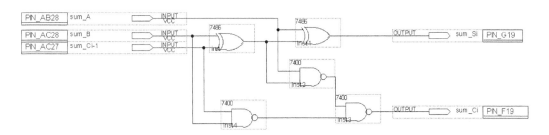

图 7.5.5　FPGA 实验板验证电路图(74LS283)

【思考题】

(1)进位与半进位分别指的是什么?

(2)用门电路完成的全加器与 74LS283 有何异同?

【实验报告要求】

（1）整理实验逻辑数据，认真填写表格。

（2）分析逻辑数据测试结果，验证全加器的逻辑规则。

（3）比较 Proteus 逻辑仿真结果与实测现象，记录相关内容，针对实测异常情况给出相应解释。

7.6　组合逻辑电路设计

【实验目的】

（1）掌握组合逻辑电路的设计方法。

（2）熟悉小规模、中规模集成电路器件的使用，学会查阅手册。

（3）了解消除竞争-冒险现象的方法。

（4）验证所设计电路的逻辑功能。

【实验器件】

门电路集成块（若干）、DE2 – 115 型实验板（一块）；逻辑分析仪（一台）；导线（若干）。

【实验原理】

组合逻辑电路的特点是任何时刻的输出信号（状态）仅取决于该时刻的输入信号（状态），而与电路原来状态无关。

组合逻辑电路的设计，根据所用器件的不同，有不同的设计方法，一般的设计方法有使用小规模集成电路器件和使用中规模集成电路器件两种。

（1）用小规模集成电路实现组合逻辑电路的设计。具体步骤如下：

第一步：根据设计要求，按逻辑功能列出真值表，并填入卡诺图。

第二步：利用卡诺图或公式法求出最简逻辑表达式，有时要根据所给定的逻辑门或其他实际要求进行逻辑交换，得到所需形式的逻辑表达式。

第三步：由逻辑表达式画出逻辑电路图。

第四步：用逻辑门或组件构成实际电路，然后进行功能测试。

如果各步骤均正确，测试结果一般能符合设计要求，即完成了设计。

以上所述是假设在理想情况下进行的，即器件没有传输延迟以及电路中的各个输入信号发生变化时，都是在同一瞬间完成的。但是实际并非如此，因为在实际电路中，当输入信号发生变化时，在输出端有可能出现不应有的尖峰信号（毛刺），这种现象称为冒险。这是必须注意的问题。另外,设计中逻辑变换也是一个重要的问题。

(2)用中规模集成电路实现组合逻辑电路的设计。此种设计方法与用小规模集成电路设计组合逻辑电路方法不同,采用中规模集成电路的设计没有固定的程式,主要取决于设计者对集成电路器件的熟悉程度和灵活应用的能力,对器件各有关输入端和控制端的巧妙使用,充分发挥器件的功能,以选用最少集成电路的种类和集成电路数量,获得符合技术指标的最佳设计。

中规模集成电路器件一般说来是一种具有专门功能的功能块,常用的有译码器、数据选择器、数值比较器、全加器等。借助器件手册所提供的资料能正确地使用这些器件。

【实验内容】

(1)人类有四种基本血型:A、B、O、AB 型。输血者和受血者的血型必须符合下述原则:O 型血可以输给任意血型的人,但 O 型血的人只能接受 O 型的血;AB 型血只能输给 AB 型血的人,但 AB 型血的人能接受所有血型的血;A 型血能输给 A 型血和 AB 型血的人,而 A 型血的人只能接受 A 型和 O 型血;B 型血能输给 B 型血和 AB 型血的人,而 B 型血的人只能接受 B 型血和 O 型血。血型关系检测系统框图如图 7.6.1 所示。输血者与受血者血型关系示意表见表 7.6.1。设计一个满足上述关系的组合逻辑电路。要求用与非门实现。

图 7.6.1 血型关系检测系统框图

表 7.6.1 输血者与受血者血型关系示意表

输血者	受血者			
	O 型	A 型	B 型	AB 型
O 型	√	√	√	√
A 型		√		√
B 型			√	√
AB 型				√

提示:

①设输血者血型用 AB 变量表示,00 表示 O 型;01 表示 A 型;10 表示 B 型;11 表示 AB 型。

②设受血者血型用 CD 变量表示,00 表示 O 型;01 表示 A 型;10 表示 B 型;11 表示 AB 型。

③输出用发光二极管表示,血型符合,发光二极管点亮;否则,发光二极管熄灭。

(2)设计一个保险箱的数字代码锁,该锁规定有四位代码 A1 A2 A3 A4 的输入端和一个开锁钥匙孔信号 E 的输入端,锁的代码可随时设定。当用钥匙开锁时($E = 1$),如果输入代码符合该锁设定代码,则保险箱被打开($Z1 = 1$);如果不符合,电路将发出报警信号($Z0 = 1$)。检测并记录实验结果。

提示:实验时锁被打开或报警可以分别使用两个发光二极管指示电路显示。

(3)某实验室有红、黄两个故障指示灯,用来表示三台设备的工作情况,当只有一台设备有故障时,黄灯亮;若有两台设备同时发生故障时,红灯亮;当三台设备都发生故障时,才会使红灯和黄灯都亮。设计一个控制灯亮的逻辑电路。

(4)现有四台设备的两台发电机组供电,每台设备用电均为 10 kW。若 X 发电机组功率为 10 kW,Y 发电机组功率为 20 kW。四台设备工作的情况为:四台设备不能同时工作,但可以是任意的三台、两台同时工作,或者有任意的一台工作,当四台都不工作,X、Y 发电机组均不供电。请设计一个供电控制电路,使发电机组既能满足负载要求,又能达到尽量节省能源的目的。

(5)试用两个 3 线 – 8 线译码器和与非门实现下列函数:

①$F_1(A、B、C、D) = \sum (0、1、5、7、10)$;

②$F_2 = ABCD + ABD + ACD$。

(6)试用八选一数据选择器实现下列函数

①$F(A、B、C、D) = \sum (0、4、5、8、12、13、14)$;

②$F = AB + BC + AC$。

(7)设计一个将 8421 码转换为余 3 码的逻辑电路。

【思考题】

(1)怎样根据实际情况确定信号的输入量和输出量?

(2)怎样才能选到正确的数字逻辑器件?

(3)同一实际情况,组合逻辑电路的设计是否唯一?

(4)编码是否影响组合逻辑电路的设计?

(5)若一实际器件无法获得,是否可以通过改变逻辑函数重新利用已有器件?

【实验报告要求】

(1)写出完整的设计思想和过程。

(2)画出设计原理图,写出完整的实验验证结果。

(3)总结组合逻辑电路的设计与分析步骤。

(4)实验过程中的故障是如何解决的并分析其原因。

7.7 触发器逻辑功能及测试

【实验目的】

(1)验证基本 RS 触发器、边沿 JK 触发器、D 锁存器的逻辑功能。

(2)熟悉常用触发器的使用方法。

(3)掌握常用时序电路分析、测试方法。

【实验器材】

DE2-115 型实验板(一块);74LS00 芯片(一片);74LS04 芯片(一片);74LS76 芯片(一片);74LS74 芯片(两片);74LS73 芯片(两片);面包板(一块);逻辑分析仪(一台);导线(若干)。

【实验原理】

常用触发器逻辑电路,如图 7.7.1 所示。

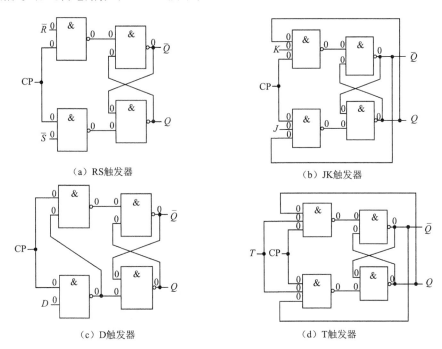

(a) RS触发器　　　　　　　　　　(b) JK触发器

(c) D触发器　　　　　　　　　　(d) T触发器

图 7.7.1　常用触发器逻辑电路

【实验内容】

1. 基本 RS 触发器功能测试

按图 7.7.1(a)所示连线,电路为用与非门构成的基本 RS 触发器,$\overline{R}$、$\overline{S}$ 接逻辑开关 A、B,Q、$\overline{Q}$ 接指示器。改变 $\overline{R}$、$\overline{S}$ 的状态,观察输出 Q 和 $\overline{Q}$ 的状态。基本 RS 触发器仿真电路图如图 7.7.2 所示。将实验结果填入表 7.1.1 中,并写出特性方程。

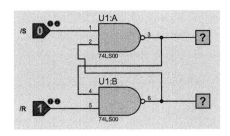

图 7.7.2　基本 RS 触发器仿真电路图

表 7.7.1　基本 RS 触发器功能表

$\bar{S}$	$\bar{R}$	Q	$\bar{Q}$	功能说明
0	0			
0	1			
1	0			
1	1			

基本 RS 触发器逻辑功能：＿＿＿＿＿＿＿＿＿＿＿＿＿。

特性方程 Q^{n+1} = ＿＿＿＿＿＿＿＿＿＿＿＿＿。

基本 RS 触发器状态转换图：＿＿＿＿＿＿＿＿＿＿＿＿。

2. 边沿 JK 触发器的功能测试

按图 7.7.1(b)所示 JK 触发器电路连线，J、K、$\bar{S}_D$、$\bar{R}_D$ 分别接逻辑开关 J、K、S、R，CP 时钟脉冲信号接逻辑开关 C，输出 Q 和 $\bar{Q}$ 接电平指示器。改变 J、K 状态，观察输出 Q 和 $\bar{Q}$ 的状态；改变 $\bar{S}_D$、$\bar{R}_D$ 的状态，观察输出 Q 和 $\bar{Q}$ 的状态。边沿 JK 触发器仿真电路图如图 7.7.3 所示。将实验结果填入表 7.2.2 中，并写出其特性方程。

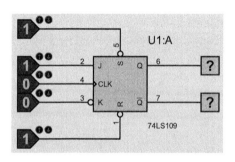

图 7.7.3　边沿 JK 触发器仿真电路图

表 7.7.2　边沿 JK 触发器功能表

CP	J　K	$\bar{S}_D$　$\bar{R}_D$	Q^{n+1}　Q^n	功能说明
×	×　×	0　1		
×	×　×	1　0		
↑(↓)	0　0	1　1		
↑(↓)	0　1	1　1		
↑(↓)	1　0	1　1		
↑(↓)	1　1	1　1		

边沿 JK 触发器逻辑功能：＿＿＿＿＿＿＿＿＿＿。

特性方程 Q^{n+1} = ＿＿＿＿＿＿＿＿＿。

$\bar{S}_D$ 端名称为＿＿＿＿＿＿＿＿＿，功能：＿＿＿＿＿＿＿＿＿＿。

$\bar{R}_D$ 端名称为＿＿＿＿＿＿＿＿＿，功能：＿＿＿＿＿＿＿＿＿＿。

JK 触发器状态转换图:_____。

3.锁存器的功能及应用

(1)根据图 7.7.4 所示连接电路,74LS74 的 D0 ~ D3 接开关 K1、K2、K3、K4,输出接指示灯 L1、L2、L3、L4,将 D 触发器的 CP(即时钟)全部连起来接在开关 K5 上作为时钟,输出 Q0 ~ Q3 另再分别接到 BCD 转七段译码器的 A ~ D 端(LED 显示已经接有 BCD 码显示驱动),LED 显示数据输出。

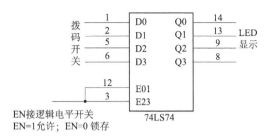

EN接逻辑电平开关
EN=1允许; EN=0 锁存

图 7.7.4　锁存器功能测试电路图

(2)先改变 K1、K2、K3、K4 为 BCD 码形式,拨动 K5,观察指示灯 L1、L2、L3、L4 和 LED 变化。

(3)验证锁存器的功能并列出功能表。

锁存器功能测试仿真电路图如图 7.7.5 所示。

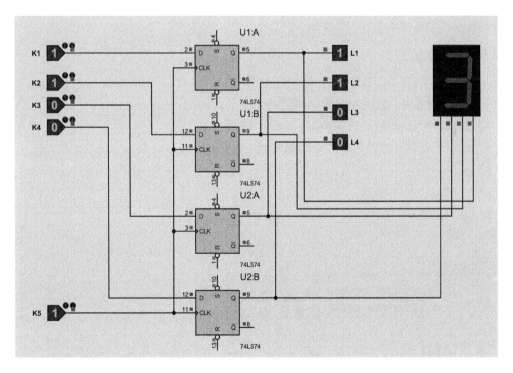

图 7.7.5　锁存器功能测试仿真电路图

4.异步二进制计数器设计及测试

(1)按图 7.7.6 接线。

(2)由时钟端输入 1 Hz 脉冲信号,测试并记录 Q1 ~ Q4 端状态及波形。

(3)图 7.7.6 在 Proteus 软件中的实现由读者自行设计。

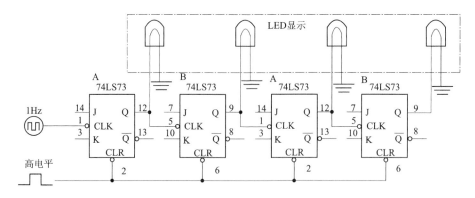

图 7.7.6 异步二进制计数器测试电路图

【思考题】

(1)实际 JK 触发器另设有 R 端和 S 端,其作用是什么?

(2)基本 RS 触发器、边沿 JK 触发器、D 锁存器的触发方式有何不同?

(3)触发器的时序是怎么实现的?

【实验报告要求】

(1)记录各个触发器的逻辑功能,整理实验测试结果。

(2)总结触发器各个输入端的作用。

(3)总结时序电路的特点。

(4)比较 Proteus 逻辑仿真结果与实测现象,记录相关内容,针对实测异常情况给出相应解释。

7.8 计数器实验

【实验目的】

(1)熟悉并掌握集成计数器逻辑功能和各控制端作用。

(2)掌握运用集成计数器构成任意进制计数器的设计方法。

【实验器材】

DE2-115 型实验板(一块);74LS161 芯片(两片);74LS20 芯片(一片);74LS04 芯片(一片);面包板(一块);逻辑分析仪(一台);导线(若干)。

【实验原理】

(1)计数器是一个用以实现计数功能的时序逻辑部件,它不仅可以用来对脉冲进行计数,还常用作数字系统的定时、分频和执行数字运算以及其他特定的逻辑功能。计数器的种类很多,按构成计数器中的各触发器是否使用一个时钟脉冲源来分有:同步计数器和异步计数器;根据计数进制的不同分为:二进制计数器、十进制计数器和任意进制计数器;根据计数的增减趋势分为:加法计数器、减法计数器和可逆计数器;还有可预置数计数器和可编程功能计数器等。

(2)利用集成计数器芯片可方便地构成任意(N)进制计数器。具体方法如下:

①反馈归零法:利用计数器清零端的清零作用,截取计数过程中的某一个中间状态控制清零端,使计数器由此状态返回到零重新开始计数。把模数大的计数器改成模数小的计数器。其关键是清零信号的选择,这与芯片的清零方式有关。异步清零方式以 N 作为清零信号或反馈识别码,其有效循环状态为 $0 \sim N-1$;同步清零方式以 $N-1$ 作为反馈识别码,其有效循环状态为 $0 \sim N-1$。还要注意清零端的有效电平,以确定用与门还是与非门来引导。

②反馈置数法:利用具有置数功能的计数器,截取从 N_b 到 N_a 之间的 N 个有效状态构成 N 进制计数器。其方法是当计数器的状态循环到 N_a 时,由 N_a 构成的反馈信号提供置数指令,由于事先将并行置数数据输入端置成了 N_b 的状态,所以置数指令到来时,计数器输出端被置成 N_b,再来计数脉冲,计数器在 N_b 基础上继续计数直至 N_a,又进行新一轮置数、计数,其关键是反馈识别码的确定,这与芯片的置数方式有关。异步置数方式以 $N_a = N_b + N$ 作为反馈识别码,其有效循环状态为 $N_b \sim N_a$;同步置数方式以 $N_a = N_b + N - 1$ 作为反馈识别码,其有效循环状态为 $N_b \sim N_a$。还要注意置数端的有效电平,以确定用与门还是用与非门来引导。

(3)74LS161 为异步清零计数器,即 $\overline{RD}$ 端输入低电平,不受 CP 控制,输出端立即全部为"0"。74LS161 具有同步预置功能,在 $\overline{RD}$ 端无效时,$\overline{LD}$ 端输入低电平,在时钟共同作用下,CP 上跳后计数器状态等于预置输入 DCBA,即所谓"同步"预置功能。$\overline{RD}$ 和 $\overline{LD}$ 都无效,ET 或 EP 任意一个为低电平,计数器处于保持功能,即输出状态不变。只有四个控制输入都为高电平,计数器(74LS161)实现模 16 加法计数,Q3Q2Q1Q0 = 1111 时,CO = 1。74LS161 引脚图如图 7.8.1 所示,74LS161 逻辑功能表见表 7.8.1。

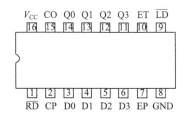

图 7.8.1　74LS161 引脚图

表 7.8.1　74LS161 逻辑功能表

$\overline{RD}$	$\overline{LD}$	ET	EP	CP	D3	D2	D1	D0	Q3	Q2	Q1	Q0
0	×	×	×	×	×	×	×	×	0	0	0	0
1	0	×	×	↑	D	C	B	A	D	C	B	A
1	1	0	×	×	×	×	×	×	保　　持			
1	1	×	0	×	×	×	×	×	保　　持			
1	1	1	1	↑	×	×	×	×	计　　数			

【实验内容】

(1)测试 74LS161 的逻辑功能。74LS161 逻辑功能测试仿真电路图如图 7.8.2 所示。根据测试结果总结并描述其逻辑功能,表格自拟。

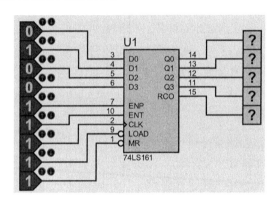

图 7.8.2　74LS161 逻辑功能测试仿真电路图

(2)用一片 74LS161 设计一个六进制计数器,其要求如下:

①写明设计方案。

②画出状态转换图。

③写出功能表,表格自拟。

④画出接线图。

⑤实验验证其逻辑功能。

(3)用两片 74LS161 设计一个六十进制计数器,若将连续脉冲信号的周期调校为 1 s,就构成了秒计数器,其要求如下:

①写明设计方案。

②画出状态转换图。

③写出功能表,表格自拟。

④画出接线图。

⑤实验验证其逻辑功能(输出接数码管)。

【思考题】

(1)设计多级计数器级联有哪些规律?

(2)在不同进制计数器设计中,同步清零和异步清零设计时有何不同?

【实验报告要求】

(1)整理实验逻辑数据,认真填写表格。

(2)分析逻辑数据测试结果,总结计数器的设计方法。

(3)比较 Proteus 逻辑仿真结果与实测现象,记录相关内容,针对实测异常情况给出相应解释。

7.9　移位寄存器实验

【实验目的】

（1）掌握常用时序逻辑电路分析、测试及设计方法。

（2）掌握对移位寄存器逻辑功能和各控制端作用的分析、测试及设计方法。

【实验器材】

DE2-115 型实验板（一块）；74LS194 芯片（一片）；74LS20 芯片（一片）；74LS04 芯片（一片）；逻辑分析仪（一台）；面包板（一块）；导线（若干）。

【实验原理】

（1）时序逻辑电路的特点是任一时刻的输出信号不仅取决于该时刻电路的输入信号，而且还与原输出状态有关，即还与以前的输入信号有关。在电路结构上包含组合逻辑电路和存储电路两部分，而且存储电路是必不可少的，存储电路输出的状态必须反馈到输入端，与输入信号一起共同决定组合逻辑电路的输出。

（2）时序逻辑电路的分析就是确定给定时序逻辑电路的逻辑功能和工作特点。具体步骤如下：

①根据给定电路写出其时钟方程、驱动方程、输出方程。

②求状态方程，即将各触发器的驱动方程代入相应触发器的特性方程，就得出与电路相一致的具体电路的状态方程。

③进行状态计算。把电路的输入和现态各种可能取值的组合代入状态方程和输出方程进行计算，得到相应的次态和输出。

④画状态图（或状态表，或时序图）。

（3）移位寄存器是一个具有移位功能的寄存器。寄存器中所存的代码能够在移位脉冲的作用下依次左移或右移。既能左移又能右移的称为双向移位寄存器，改变左、右移的控制信号便可实现双向移位。根据移位寄存器存取信息的方式不同分为：串入串出、串入并出、并入串出、并入并出四种形式。

（4）74LS194 是四位双向通用移位寄存器，具有异步清零功能，$\overline{RD}$ 端输入低电平信号，四个输出端都立即变为"0"。在 $\overline{EN}$ 无效时，工作方式输入端 S1S0 电平决定 74LS194 的工作方式。S1S0 = 11，并行预置数，在时钟上跳时刻，并行输入数据 D3、D2、D1、D0 预置到并行输出端；S1S0 = 10，左移寄存，左移输入端 DSL 输入数据寄存到 Q0，各位数据向高位移动；S1S0 = 01，右移寄存，右移输入端 DSR 输入数据寄存到 Q3，各位数据向低位移动；S1S0 = 00，寄存器处于保持工作方式，寄存器状态不变。74LS194（并行存取）引脚图及逻辑功能表如图 7.9.1 和表 7.9.1 所示。

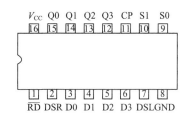

图 7.9.1 74LS194 引脚图

表 7.9.1 74LS194 逻辑功能表

$\overline{RD}$	S1	S0	DSL	DSR	CP	D3	D2	D1	D0	Q3	Q2	Q1	Q0
0	×	×	×	×	×	×	×	×	×	0	0	0	0
1	1	1	×	×	↑	D	C	B	A	D	C	B	A
1	1	0	d	×	↑	×	×	×	×	Q2	Q1	Q0	d
1	0	1	×	d	↑	×	×	×	×	d	Q3	Q2	Q1
1	0	0	×	×	×	×	×	×	×	保持			

【实验内容】

（1）测试 74LS194 的逻辑功能。根据测试结果总结并描述其逻辑功能,表格自拟。

（2）用 74LS194 设计一个四位环形计数器,其要求如下:

①写明设计方案。

②画出状态转换图。

③写出功能表,表格自拟。

④画出接线图。

⑤实验验证其逻辑功能(输出接发光二极管)。

（3）用 74LS194 设计一个四位扭环形计数器,其要求如下:

①写明设计方案。

②画出状态转换图。

③写出功能表,表格自拟。

④画出接线图。

⑤实验验证其逻辑功能(输出接发光二极管)。

【思考题】

（1）实验内容(3)中,若需电路能够实现自启动,应如何修改电路。

（2）数据的串行输入和并行输入有何不同? 怎样实现?

【实验报告要求】

（1）整理实验逻辑数据,认真填写表格。

（2）分析逻辑数据测试结果,总结移位寄存器的设计方法。

（3）比较 Proteus 逻辑仿真结果与实测现象,记录相关内容,针对实测异常情况给出相应解释。

7.10　时序逻辑电路设计

【实验目的】

（1）学习时序逻辑电路的分析、设计方法。

（2）熟悉并掌握利用中小规模芯片实现时序逻辑电路的方法。

（3）提高调试数字电路的能力。

【实验器材】

逻辑门芯片（74LS00、74LS04、74LS32、74LS08，各一片）；触发器芯片（74LS74，一片）；带矩形波（时钟）信号发生器（一台）；逻辑分析仪（一台）；面包板（一块）；导线（若干）。

【实验原理】

根据所给实际情况进行分析，得到所需设计事件的原始状态，然后进行下列步骤设计：

（1）形成原始状态图和原始状态表。

（2）状态化简，求得最小化状态表。

（3）状态编码，得到二进制状态表。

（4）选定触发器类型，并求出激励函数和输出函数最简表达式。

（5）画出逻辑电路图。

【实验内容】

（1）用 JK 触发器设计一个 8421 码十进制同步加法计数器。

时钟信号 CP 可由实验箱的"单次"时钟信号或 1 Hz 自动秒脉冲电路提供。计数器输出状态用实验箱上的 LED 数码管检测，记录实验结果。

本实验用实验箱上的 1 kHz 时钟信号作为计数器的计数脉冲 CP，用示波器观察并记录 CP 及计数器各输出端的对应波形。8421 码十进制同步加法计数器状态真值表见表 7.10.1。

表 7.10.1　8421 码十进制同步加法计数器状态真值表

现态				次态			
Q_3^n	Q_2^n	Q_1^n	Q_0^n	Q_3^{n+1}	Q_2^{n+1}	Q_1^{n+1}	Q_0^{n+1}
0	0	0	0	0	0	0	1
0	0	0	1	0	0	1	0
0	0	1	0	0	0	1	1
0	0	1	1	0	1	0	0
0	1	0	0	0	1	0	1
0	1	0	1	0	1	1	0
0	1	1	0	0	1	1	1

续表

现态				次态			
Q_3^n	Q_2^n	Q_1^n	Q_0^n	Q_3^{n+1}	Q_2^{n+1}	Q_1^{n+1}	Q_0^{n+1}
0	1	1	1	1	0	0	0
1	0	0	0	1	0	0	1
1	0	0	1	0	0	0	0

（2）用 D 触发器或 JK 触发器设计一个 110 串行序列信号检测器。输入信号由电平输出器提供，时钟信号 CP 接逻辑实验箱的"单次"时钟信号。当连续输入信号 110 时，该电路输出 1，否则输出 0。设依次送入的信号为 001101110。"110"平行序列信号检测器状态图如图 7.10.1 所示。

（3）用 D 触发器设计一个同步四相时钟发生器，其输入时钟信号 CP 及各输出波形如图 7.10.2 所示。状态真值表见表 7.10.2。

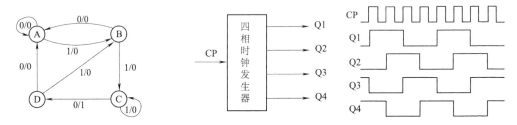

图 7.10.1　"110"串行序列信号
检测器状态图

图 7.10.2　四相时钟发生器输入、输出波形

表 7.10.2　同步四相时钟发生器状态真值表

现态				次态			
Q_3^n	Q_2^n	Q_1^n	Q_0^n	Q_3^{n+1}	Q_2^{n+1}	Q_1^{n+1}	Q_0^{n+1}
1	1	0	0	0	1	1	0
0	1	1	0	0	0	1	1
0	0	1	1	1	0	0	1
1	0	0	1	1	1	0	0

【思考题】

（1）时序设计，采用同步与异步时钟有何不同？

（2）时序逻辑电路设计中，关键是哪一步？

【实验报告要求】

（1）选择实验内容之一完整设计出时序逻辑电路，并选择好集成逻辑器件后，在面包板上进行电路搭接，把设计好的电路绘制出来。

（2）根据设计好的电路用 Proteus 软件仿真，把仿真情况记录于报告中。

（3）对比仿真与实测电路情况，分析结果。

7.11* 555 定时器的应用

【实验目的】

(1)熟悉并掌握 555 定时器的工作原理。

(2)熟悉并掌握 555 定时器构成的单稳态触发器、多谐振荡器、占空比可调的多谐振荡器三种典型电路的结构及工作原理。

(3)掌握 555 定时器的典型应用。

【实验器材】

DE2-115 型实验板(一块);数字万用表(一块);双踪示波器(一台);集成电路芯片 NE555(两片);三极管(S8550、一个);1N4148(两个);10 kΩ 电位器(一只);阻容元件若干,面包板(一块);导线(若干)。

【实验原理】

1.555 定时器

555 定时器又称时基电路,由于它的内部使用了三个 5 kΩ 的电阻,故取名 555。NE555 引脚图和内部结构如图 7.11.1 所示。

NE555 引脚功能表见表 7.11.1。

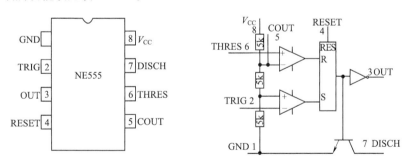

图 7.11.1 NE555 引脚图和内部结构

表 7.11.1 NE555 引脚功能表

引脚编号	功能	引脚编号	功能
1	GND(电源地)	8	V_{CC}(电源正极)
2	TRIG(触发端)	7	DISCH(放电端)
3	OUT(输出端)	6	THRES(阈值电压输入端)
4	RESET(清零端,低电平有效)	5	COUT(控制端)

555 定时器集成芯片型号很多,例如 LM555、NE555、SA555、CB555、ICM7555、LMC555 等等,尽管型号繁多,但它们的引脚功能是完全兼容的,在使用中可以彼此替换。大多数双极型芯片最后三位数码都是 555,大多数 CMOS 型芯片最后四位数码都是 7555(还有部分定时器芯片的命名采用

C555 来表示 CMOS 型 555 定时器,例如 LMC555)。另外,还有双定时器型芯片:双极型的 556 和 CMOS 型的 7556、四定时器 NE558。NE556 引脚图如图 7.11.2 所示。

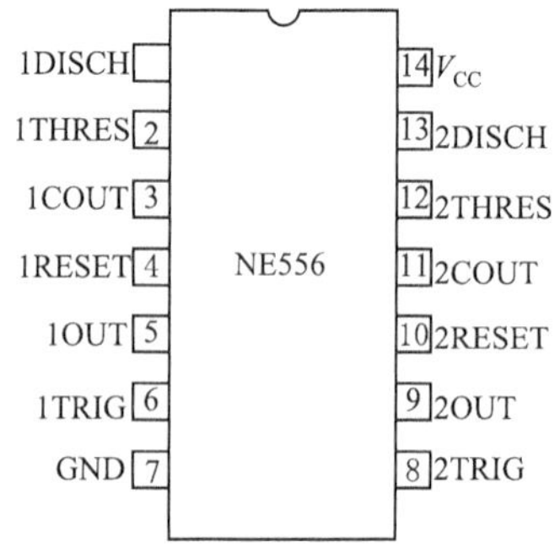

```
        ┌──────┐
1DISCH ─┤1    14├─ V_CC
1THRES ─┤2    13├─ 2DISCH
1COUT  ─┤3    12├─ 2THRES
1RESET ─┤4 NE556 11├─ 2COUT
1OUT   ─┤5    10├─ 2RESET
1TRIG  ─┤6     9├─ 2OUT
GND    ─┤7     8├─ 2TRIG
        └──────┘
```

图 7.11.2　NE556 引脚图

2. 双极型与 CMOS 型 555 定时器芯片的区别

(1)双极型 555 定时器工作电压范围为 5 ~ 15 V,其驱动能力强,最大负载电流达 ± 200 mA,其构成的多谐振荡器工作频率较低,极限大约为 300 kHz(不同厂商生产的 555 定时器其最高振荡频率不一定相同,具体值需要查阅厂商提供的芯片参数手册)。

(2)CMOS 型 555 定时器工作电压范围为 3 ~ 16 V,其驱动能力弱,最大负载电流仅有 ± 4 mA,其构成的多谐振荡器工作频率较高,可达 500 kHz(不同厂商生产的 555 定时器其最高振荡频率不一定相同,具体值需要查阅厂商提供的芯片参数手册)。

由于 CMOS 型 555 定时器驱动能力很弱,因此,使用 CMOS 型 555 定时器时,当负载工作电流最大值超过 ± 4 mA 时,需要在 CMOS 型 555 定时器的 OUT 端和负载之间加一级缓冲电路以提高 CMOS 型 555 定时器的驱动能力。

这里负载电流正负表示的含义为:负载电流为正时,表示电流由 OUT 端流出;负载电流为负时,表示电流流入 OUT 端。

555 定时器逻辑功能表见表 7.11.2。

表 7.11.2　555 定时器逻辑功能表

输入			输出	
RESET	THRES	TRIG	OUT	DISCH
0	×	×	0	导通
1	$> \frac{2}{3}V_{CC}$	$> \frac{1}{3}V_{CC}$	0	导通
1	$< \frac{2}{3}V_{CC}$	$> \frac{1}{3}V_{CC}$	保持	保持
1	$< \frac{2}{3}V_{CC}$	$< \frac{1}{3}V_{CC}$	1	截止
1	$> \frac{2}{3}V_{CC}$	$< \frac{1}{3}V_{CC}$	1	截止

【实验内容】

1. 基本实验

(1)NE555 构成的单稳态触发器逻辑功能测试。

NE555 构成的单稳态触发器电路如图 7.11.3 所示,当 NE555 的触发端 TRIG 施加一触发信号,TRIG 端的电压 $< V_{CC}/3$,NE555 被触发,进入暂态,其 OUT 端输出一个高电平,同时 DISCH 放电端截止,5 V 电源通过 R 对 C 进行充电,当 C 两端电压由 0 V 充电至 $\geq 2V_{CC}/3$ 时,OUT 端输出

高电平翻转为低电平,同时电容 C 通过导通的 DISCH 放电端放电至 0 V,电路进入稳态,为下一次触发脉冲的到来做好准备。图 7.11.3 所示单稳态触发器电路的暂态持续时间 $t_w \approx 1.1RC$(R 单位为 kΩ,C 单位为 μF,则 t_w 的单位为 ms),若 U_i 端输入一个时钟脉冲信号 CP,则图 7.11.3 单稳态触发器电路可作为分频器使用,t_w 应满足 $NT - 0.5T \leq t_w < NT$,其中 N 为分频数,T 为时钟脉冲 CP 周期,TRIG 端每输入 N 个脉冲,OUT 端就输出一个宽度为 $t_1 = NT - t_w$ 的低电平信号。

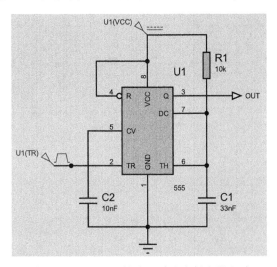

图 7.11.3　NE555 构成的单稳态触发器电路

(2)NE555 构成的多谐振荡器及参数测试。NE555 构成的多谐振荡器如图 7.11.4 所示,假设上电前电容 C 两端电压 U_c 为零,上电后 $U_c < V_{CC}/3$,DISCH 端截止,5 V 电源通过 R1、R2 给 C 充电,OUT 端输出高电平,当 C 两端电压充电至 $U_c \geq 2V_{CC}/3$ 时,OUT 端高电平翻转为低电平,同时电容 C 通过 R2 经导通的 DISCH 端到地放电,直至 U_c 再次 $\leq V_{CC}/3$,DISCH 端截止,5 V 又重新通过 R1 和 R2 对 C 充电,OUT 端输出高电平,如此往复循环,OUT 端就会输出一个连续方波信号。

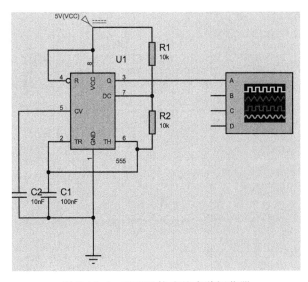

图 7.11.4　NE555 构成的多谐振荡器

(3)NE555 构成的占空比可调的多谐振荡器及参数测试。NE555 构成的占空比可调的多谐振荡器如图 7.11.5 所示,它是在图 7.11.4 所示多谐振荡器电路的基础上利用两个二极管 D1 和 D2 将 C 的充电回路和放电回路隔离开。

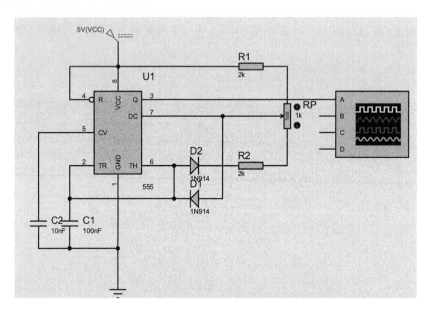

图 7.11.5　NE555 构成的占空比可调的多谐振荡器

电容充电期间 U_o 为高电平,其高电平保持时间记为 t_{on},则

$$t_{on} = (R_1 + R_{PA})C\ln2$$

电容放电期间 U_o 为低电平,其低电平保持时间记为 t_{off},则

$$t_{off} = (R_2 + R_{PB})C\ln2$$

OUT 端输出的方波周期为

$$T = t_{on} + t_{off} = (R_1 + R_2 + R_P)C\ln2$$

由图 7.11.5 充放电过程分析可知,调节 R_P 可以改变 R_{PA} 和 R_{PB} 的比值,从而实现对 t_{on} 和 t_{off} 的改变,但 $R_1 + R_2 + R_P$ 始终保持不变,故 $T = t_{on} + t_{off}$ 也不变。这里占空比用 q 表示,其定义式为 $q = \dfrac{t_{on}}{T}$,当电路中的 C 保持不变,则占空比 q 表达式还可写为

$$q = \frac{R_1 + R_{PA}}{R_1 + R_P + R_2}$$

最小占空比为

$$q_{min} = \frac{R_1}{R_1 + R_P + R_2}$$

最大占空比为

$$q_{max} = \frac{R_1 + R_P}{R_1 + R_P + R_2}$$

2.扩展实验

（1）NE555 构成的脉冲宽度调制器（Pulse Width Modulation, PWM）。555 构成的脉冲宽度调制器如图 7.11.6 所示。在图 7.11.4 多谐振荡器电路中将 5 引脚与地之间的 C2 去掉，并在 5 引脚输入一个如图 7.11.7 所示的正弦波，则 NE555 的 OUT 端输出方波信号的占空比受 5 引脚输入的正弦信号调制，方波信号的占空比按正弦规律变化。

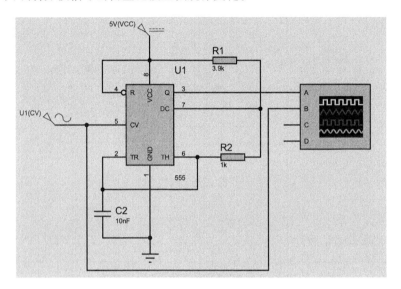

图 7.11.6　555 构成的脉冲宽度调制器

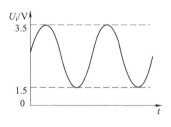

图 7.11.7　U_i 波形图

（2）利用 NE555 时基电路设计一个驱动电路，实现对 LED 的亮度调节。当 LED 正常发光时，其两端电压（正向压降 U_F）基本保持不变，不同发光颜色的 LED，其 U_F 不同。通常情况下：红色 LED 的 U_F 为 2 ~ 2.2 V、蓝色 LED 的 U_F 为 3 ~ 3.3 V、白色 LED 的 U_F 为 3 ~ 3.3 V、绿色 LED 的 U_F 为 2.8 ~ 3 V。

LED 属于电流型器件，一般普通 LED 的正向工作电流 I_F 极限值约为 50 mA，其光衰电流不能大于 $I_F/3$（为 15 ~ 18 mA）。当 LED 的 $I_F < 17$ mA 时，其发光强度与它的 I_F 几乎可近似为线性关系（实际上 LED 的正向工作电流和光输出并不是完全正比关系，且不同的 LED 会有不同的正向工作电流和光输出关系曲线），但当 $I_F > 20$ mA 时，LED 亮度的增强肉眼已无法分辨，因此，LED 的正向工作电流一般选择在 15 mA 左右，此时 LED 的电光转换效率较高，且光衰电流合理。

综上所述,要实现对 LED 的亮度调节最简单的方法就是调节其正向工作电流 I_F 的大小,但直接调节 I_F 大小会导致 LED 发光色谱产生偏移(具体原因可自行上网查阅相关资料)。目前广泛使用的 LED 调光技术都是基于 PWM 方式来调节 LED 亮度的,其原理如图 7.11.8 所示。

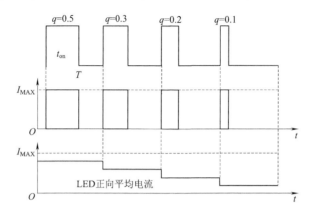

图 7.11.8 PWM 调光原理

设计要求:利用 NE555 设计一个占空比 q 在 $0.25 \sim 0.75$ 可调,一个周期 T 内对应 LED 的平均 I_F 在 $5 \sim 15$ mA 之间,NE555 工作电源电压为 5 V,LED 的 I_F 最大值 I_{max} 取 20 mA,PWM 的周期 T 应足够小,以保证人眼不会觉察到 LED 有明显的闪烁感。

(3)利用 555 时基电路设计一个线性斜坡电压(linear ramp)发生器。

提示:电路如图 7.11.9 所示,用 NE555 构成多谐振荡器,并用恒流源对电容 C 进行恒流充电,电容两端电压 U_C 就会线性增大。

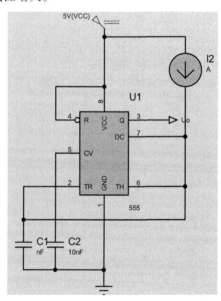

图 7.11.9 锯齿波发生器参考电路

实验中需要注意以下几点：

(1)实验电路连线事先用万用表"二极管"挡进行检测,保证连接电路的连线完好,正式连接实验电路前,必须对所用芯片进行逻辑功能的验证,保证接入电路的芯片功能完好。

(2)将芯片插入插座,或者从插座上拔出芯片时,用力要均匀,避免用力不均导致芯片引脚弯曲变形甚至折断。

(3)注意集成芯片在集成芯片插座上的安装方向不要弄反,器件和连线要插牢,仔细核对芯片各引脚功能,先将芯片的电源引脚和地引脚分别接至 5 V 正、负极上,其余引脚也不能接错。

(4)芯片输出端不允许并联使用(非 OC 门),更不允许直接接地或接电源。为了提高电路的抗干扰能力,电路中多余输入端最好不要悬空。

(5)实验中,必须遵循"先连线、后通电,先断电、后拆线"的操作原则,严禁带电操作。

【思考题】

(1)555 时基电路中,实现振荡的关键元件是哪几个?

(2)怎样调整输出信号的占空比?

【实验报告要求】

(1)将所有实验中观察记录的波形和测试数据整理到实验报告中,所有波形均用铅笔绘制。

(2)在实验报告中用铅笔工整、清晰地画出设计的电路,并将自拟测试表格及数据、波形整理到实验报告中。

(3)总结本次实验情况,分析实验中出现的现象,包括实验中遇到的问题的处理方法和结果。

第 8 章

综合性设计实验 <<<

8.1　方波的合成与分解

【实验目的】

(1)通过对周期方波信号进行分解,验证周期信号可以展开成正弦无穷级数的基本原理,了解周期方波信号的组成原理。

(2)测量各次谐波的频率与幅度,分析方波信号的频谱。

(3)观察基波与不同谐波合成时的变化规律。

(4)通过方波信号合成的实验,了解数字通信中利用窄带通信系统传输数字信号(方波信号)的本质原理。

【实验器材】

函数信号发生器(一台);频率计数器(一台);方波信号分解模块(滤波器模块)、方波信号合成模块(加法器模块)各一块;双踪示波器(一台);直流稳压电源(一台)。

【实验原理】

1. 一般周期信号的正弦傅里叶级数

按照傅里叶级数原理,任何周期信号在满足狄利克雷条件时都可以展开成如下所示的无穷级数:

$$f(t) = \frac{a_0}{2} + \sum_{n=1}^{\infty} a_n \cos(n\Omega t) + \sum_{n=1}^{\infty} b_n \sin(n\Omega t) = \frac{A_0}{2} + \sum_{n=1}^{\infty} A_n \cos(n\Omega t + \varphi_n)$$

式中, $A_n \cos(n\Omega t + \varphi_n)$ 称为周期信号的 n 次谐波分量, n 次谐波的频率为周期信号频率的 n 倍,每一次谐波的幅度随谐波次数的增加依次递减。

当 $n = 0$ 时,谐波分量为 $\frac{a_0}{2}$ (直流分量);当 $n = 1$ 时,谐波分量为 $A_1 \cos(\Omega t + \varphi_1)$ (一次谐波或基波分量直流分量)。

2. 一般周期信号的有限次谐波合成及其方均误差

按照傅里叶级数的基本原理可知,周期信号的无穷级数展开中,各次谐波的频率按照基波信号的频率的整数倍依次递增,幅度值却随谐波次数的增加依次递减,趋近于零。因此,从信号能量分布的角度来讲,周期信号的能量主要分布在频率较低的有限次谐波分量上。此原理在通信技术当中得到广泛应用,是通信技术的理论基础。

周期信号可以用其有限次谐波的合成来近似表示。当合成的谐波次数越多时,近似程度越高,可以用方均误差来定义这种近似程度。设傅里叶级数前有限项(N 项)和为

$$S_N(t) = \frac{a_0}{2} + \sum_{n=1}^{N} \left[a_n \cos(n\Omega t) + b_n \sin(n\Omega t) \right]$$

用 $S_N(t)$ 近似表示 $f(t)$ 所引起的误差函数为

$$\varepsilon_N(t) = f(t) - S_N(t)$$

方均误差可以定义为

$$E_N = \overline{\varepsilon_N^2(t)} = \frac{1}{T} \int_0^T \varepsilon_N^2(t) \, \mathrm{d}t$$

通常,随着合成的谐波次数的增加,方均误差逐渐减小,可见合成波形与原波形之间的偏差越来越小。有限次谐波的合成波形如图 8.1.1 所示。

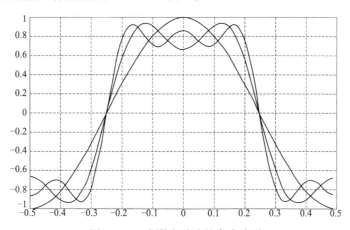

图 8.1.1 有限次谐波的合成波形

一个波峰时,表示合成谐波为一次谐波;两个波峰时,表示有至少两次谐波参与合成;三个波峰时,表示至少有三次谐波参与合成。

3. 周期方波信号的傅里叶正弦级数

若周期方波信号波形如图 8.1.2 所示,则方波信号正好是奇谐对称信号。因此,其傅里叶正弦级数为

$$f(t) = \frac{4}{\pi} \left[\sin(\Omega t) + \frac{1}{3} \sin(3\Omega t) + \cdots + \frac{1}{n} \sin(n\Omega t) + \cdots \right], \quad n = 1, 3, 5, \cdots$$

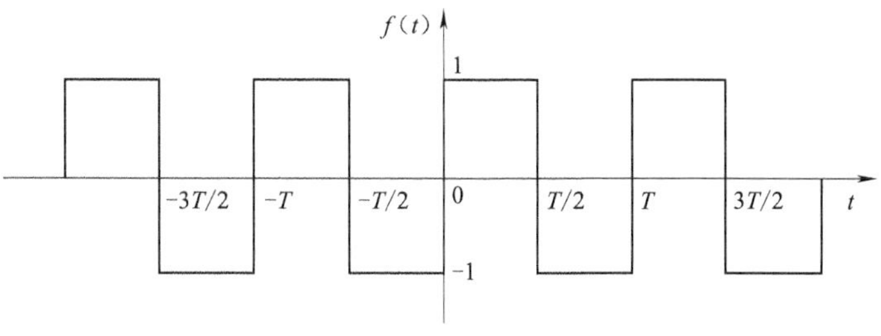

图 8.1.2 周期方波信号波形一

若周期方波信号波形如图8.1.3所示,则信号变为偶函数,但仍为奇谐对称信号。因此,其傅里叶正弦级数为

$$f(t) = \frac{4}{\pi}\left[\cos(\Omega t) - \frac{1}{3}\cos(3\Omega t) + \frac{1}{5}\cos(5\Omega t) - \frac{1}{7}\cos(7\Omega t) + \cdots\right], \quad n = 1,3,5\cdots$$

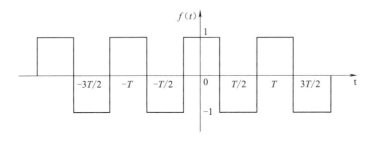

图8.1.3　周期方波信号波形二

4.周期方波信号的分解与合成

周期方波信号的分解与合成实验过程原理框图如图8.1.4所示,实验开始前,先打开信号发生器电路,同时利用示波器与频率计辅助观察,通过占空比调节将输出方波信号的占空比调为50%,同时将信号频率调节为BPF1的中心频率(实际中一般为50 Hz或100 Hz),将幅度调节到合适大小(例如峰-峰值大小为8 V、10 V或者12 V)。

输出方波信号经过各带通滤波器滤波后即可得到各次谐波分量,通过示波器与频率计即可观察到。最后将各次谐波分量相加即可得到由有限次谐波分量合成的近似方波信号。

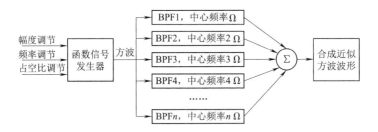

图8.1.4　周期方波信号的分解与合成实验过程原理框图

【实验内容】

1.方波信号的分解与合成

(1)对已知方波信号进行滤波分解,得到各次谐波分量,对各次谐波分量进行测量与观察,掌握其频率与幅度的变化规律,加深对傅里叶级数分解以及方波信号频谱规律的理解。

(2)将傅里叶级数的基波与各次谐波进行合成,例如基波 + 一次谐波、基波 + 一次谐波 + 二次谐波、基波 + 一次谐波 + 二次谐波 + 三次谐波……。观察基波与不同谐波合成时的变化规律,了解各次谐波近似合成方波信号的规律。

方波分解:电路如图8.1.5所示,将1 kHz方波,经 C1 和 L1、C2 和 L2、C3 和 L3、C4 和 L4 组

成的 LC 串联谐振分频电路,LC 参数由 $f = 1/(2\pi \sqrt{LC})$ 决定,在四个输出端可观察到 1kHz 基波和多次谐波。

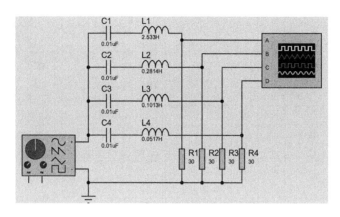

图 8.1.5 方波分解

方波合成:可利用第 6 章 6.7 节中的图 6.7.1(d)"同相加法运算电路"来实现。具体实现方法请自行设计。

2. 数据记录与处理

(1)对方波信号的分解过程须按照表 8.1.1 做好各波形及其参数记录(波形最好用坐标纸严格绘制)。

表 8.1.1 分解前后各波形特征参数记录表

波形	幅度/V	频率/Hz	波形图
方波信号			
一次谐波			
二次谐波			
三次谐波			
四次谐波			
五次谐波			

(2)对于波形合成,须按照表 8.1.2 做好各次不同谐波合成后波形的波形变化记录。

表 8.1.2　不同谐波合成后的波形记录表

谐波成分	峰 – 峰值/V	合成波形图
一次谐波		
一、二次谐波		
一、二、三次谐波		
一、二、三、四次谐波		
一、二、三、四、五次谐波		

实验过程中需要注意以下几点：

(1)注意方波分解时,多次谐波与基波的关系,若发现不符合规律,要仔细测量谐波分解电路的器件参数。

(2)注意谐波合成时,仔细调节谐波的频率,用示波器严格监测。

【思考题】

(1)在方波信号的分解中用到了带通滤波器。带通滤波器的中心频率必须满足什么条件?为什么必须满足这些条件?

(2)分解过程中,按照傅里叶级数理论结论,偶次谐波是不存在的,可是利用示波器观察实验电路中的偶次谐波输出时却存在一个不为零的信号输出,为什么?

(3)如果换用三角波或其他周期信号重做该实验,结果会怎么样?

(4)在波形合成时,通常合成谐波有几次,则合成波形一个周期就会有几个波峰出现,为什么?

(5)波形合成时,合成波形与理论上的合成波形会有较大的出入,为什么?

(6)理论联系实际,弄清楚信号带宽与系统带宽的关系,思考数字通信系统中传输数字信号的本质。

【实验报告要求】

(1)整理实验数据,认真填写表格。

(2)分析数据测试结果,总结方波的合成与分解的特点与规律。

(3)比较 Proteus 仿真结果与实测结果,记录相关内容,针对实测异常情况给出相应解释。

8.2 模拟移相网络及相差测量

【实验目的】

(1)学习设计移相器电路的方法。

(2)掌握移相器电路的仿真测试方法。

(3)通过设计、搭接、安装及调试移相器,培养工程实践能力。

【实验器材】

信号发生器(一台);双踪示波器(一台);万用表(一块);运算放大器 LM324(两片);滑线式变阻器 10 kΩ(一个);电容、电阻元件(若干)。

【实验原理】

线性时不变网络在正弦信号激励下,其响应电压、电流是与激励信号同频率的正弦量,响应与频率的关系,即为频率特性。它可用相量形式的网络函数来表示。在电气工程与电子工程中,往往需要在某确定频率正弦激励信号作用下,获得有一定幅值、输出电压相对于输入电压的相位差在一定范围内连续可调的响应(输出)信号。这可通过调节电路元件参数来实现,通常是采用RC 移相网络来实现的。

图 8.2.1 所示 RC 串联电路,设输入正弦信号电压为

$$\dot{U}_1 = U_1 \angle 0° \text{V}$$

则输出信号电压

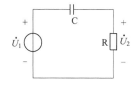

图 8.2.1 RC 串联电路

$$U_2 = \frac{R}{R + \frac{1}{j\omega C}} \dot{U}_1 = \frac{U_1}{\sqrt{1 + \left(\frac{1}{\omega RC}\right)^2}} \angle \arctan \frac{1}{\omega RC}$$

其中,输出电压有效值为

$$U_2 = \frac{U_1}{\sqrt{1 + \left(\frac{1}{\omega RC}\right)^2}}$$

输出电压相位为

$$\varphi_2 = \angle \arctan \frac{1}{\omega RC}$$

由以上两式可见,当信号源角频率一定时,输出电压的有效值与相位均随电路元件参数的变化而不同。若电容 C 为一定值,则当 R 从零至无穷大变化时,相位从 90°到 0°变化。RC 串联电路相量图如图 8.2.2 所示。

另一种 RC 串联电路及其相量图如图 8.2.3 所示。

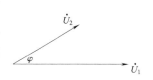

图 8.2.2 RC 串联电路相量图

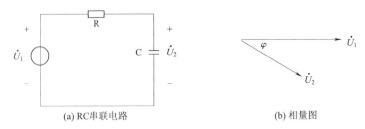

(a) RC串联电路　　　　　　　(b) 相量图

图 8.2.3　另一种 RC 串联电路及其相量图

设输入正弦信号电压为

$$\dot{U}_1 = U_1 \angle 0° \text{V}$$

则输出信号电压为

$$\dot{U}_2 = \frac{\dfrac{1}{j\omega C}}{R + \dfrac{1}{j\omega C}} \dot{U}_1 = \frac{U_1}{\sqrt{1 + (\omega RC)^2}} \angle - \arctan(\omega RC)$$

其中,输出电压有效值为

$$U_2 = \frac{U_1}{\sqrt{1 + (\omega RC)^2}}$$

输出电压相位为

$$\varphi_2 = \angle - \arctan(\omega RC)$$

同样,输出电压的大小及相位,在输入信号角频率一定时,它们随电路参数的不同而改变。若电容 C 值不变,R 从零至无穷大变化时,则相位从 0°到 -90°变化。

当希望得到输出电压有效值与输入电压有效值相等,而相对输入电压又有一定相位差的输出电压时,通常采用图 8.2.4(a)所示的 X 型 RC 移相电路来实现。为方便分析,将原电路改画成图 8.2.4(b)所示形式。

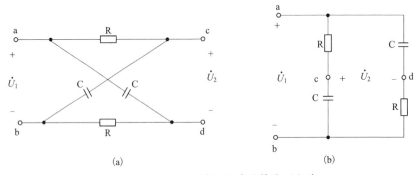

(a)　　　　　　　　　　　(b)

图 8.2.4　X 型 RC 移相电路及其改画电路

X 型 RC 移相电路输出电压为

$$\dot{U}_2 = \dot{U}_{cb} - \dot{U}_{db} = \frac{\dfrac{1}{j\omega C}}{R + \dfrac{1}{j\omega C}} \dot{U}_1 - \frac{R}{R + \dfrac{1}{j\omega C}} \dot{U}_1 = \frac{1 - j\omega RC}{1 + j\omega RC} \dot{U}_1 = \frac{\sqrt{1 + (\omega RC)^2}}{\sqrt{1 + (\omega RC)^2}} U_1 \angle - 2\arctan(\omega RC)$$

其中

$$U_2 = \frac{\sqrt{1 + (\omega RC)^2}}{\sqrt{1 + (\omega RC)^2}}U_1 = U_1$$

$$\varphi_2 = -2\arctan(\omega RC)$$

结果表明,此 X 型 RC 移相电路的输出电压与输入电压大小相等,而当信号源角频率一定时,输出电压的相位可通过改变电路的元件参数来调节。

若电容 C 值一定,当 R 从零至无穷大变化时,则相位从 0° 到 −180° 变化;当 $R = 0$ 时,则 $\varphi_2 = 0°$,输出电压 $\dot{U}_2$ 与输入电压 $\dot{U}_1$ 同相位;当 $R = \infty$ 时,则 $\varphi_2 = -180°$,输出电压 $\dot{U}_2$ 与输入电压 $\dot{U}_1$ 相位相反;当 $0 < R < \infty$ 时,则 φ_2 在 0° 与 −180° 之间取值。

【实验内容】

设计一个模拟移相网络电路,实现对正弦波电压信号进行相位移动,并测量移相后的信号相对于原始信号的相位差。

(1)模拟移相网络电路如图 8.2.5 所示,输入信号设置为 1V 的正弦波。

(2)改变输入信号的频率,在 100 Hz ~ 100 kHz 之间变换,调整滑线式变阻器的阻值,通过示波器观察 Va、Vb 端的输出信号,并与原始输入信号 Vin 比较相位和幅度变化。

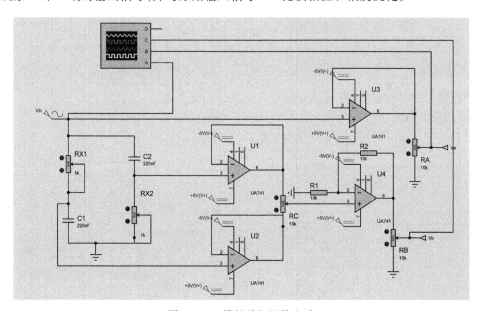

图 8.2.5 模拟移相网络电路

【思考题】

(1)重新设计模拟移相网络,将移相范围扩展到 0 ~ 359°,并测量相位差。

(2)移相相位与哪些因素有关?

【实验报告要求】

(1)设计表格,详细记录移相实验数据(固定输入值、输出的幅度和相位的变化)。

(2)给出部分相位点波形,分析实验结果。

8.3　电压/频率转换器设计

【实验目的】

(1)进一步熟悉555定时器的结构,并掌握其产生脉冲信号的电路设计方法。

(2)掌握电压/频率转换器的设计思想。

【实验器材】

万用表(一块);信号发生器(一台);稳压直流电源(两台);双踪示波器(一台);电阻元件(6.2 kΩ、22 kΩ、1.7 kΩ、100 kΩ、13 kΩ,各一个;10 kΩ,两个;20 kΩ,四个),电容元件(1 000 pF,两个;0.1 μF,一个),集成运放(741,一片),NPN三极管(3DG6,两个),稳压管(2.4 V或3.6 V,两个),二极管(IN4148,五个),NE555定时器(一个)。

【实验原理】

电压/频率转换器的输入信号频率 f_0 与输入电压 U_i 的大小成正比,输入电压 U_i 常为直流电压,也可根据要求选用脉冲信号作为控制电压,其输出信号可为正弦波或者脉冲波电压形式。

本实验利用输入电压的大小改变电容的充电速度,从而改变振荡电路的振荡频率,故采用积分器作为输入电路。积分器的输出信号控制电压比较器或者单稳态触发器,可得到矩形脉冲输出,由输出信号电平通过一定反馈方式控制积分电容恒流放电,当积分电容放电到某一值时,电容C再次充电。由此实现利用输入电压控制电容充放电速度,即控制输出脉冲频率。

电压/频率转换器原理框图如图8.3.1所示。

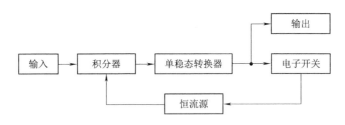

图8.3.1　电压/频率转换器原理框图

【实验内容】

(1)电路仿真图如图8.3.2所示。积分器采用集成运算放大器和RC元件构成的反相输入积分器。单稳态触发器采用555定时器构成的单稳态电路。电子开关采用开关三极管接成反相器形式,当触发器的输出为高电平时,三极管饱和导通,输出近似为0;当触发器的输出为低电平时,三极管截止,输出近似等于 $+V_{CC}$。恒流源电路采用开关三极管T、稳压二极管 D_z 等元件构成。当V1为0时,D2、D3截止,D4导通,所以积分电容通过二极管放电;当V1为1时,D2、D3导通,D4 截止,输入信号对积分电容充电,在单稳态触发器的输出端得到矩形脉冲。

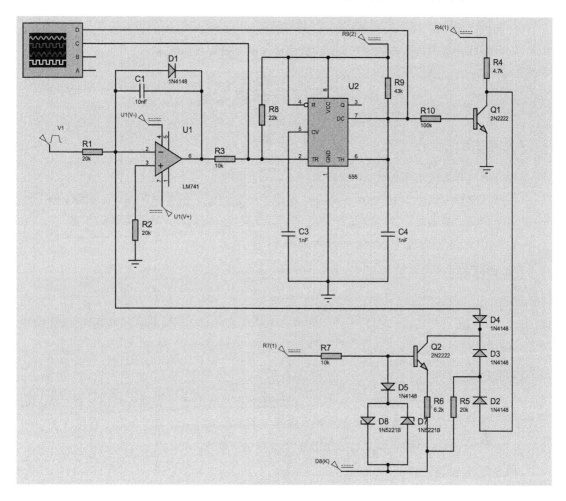

图 8.3.2 电压/频率转换器仿真电路图

要求输入电压范围为 1～10 V,而输出频率要求为 1～10 kHz,所以该电路转换系数为 1 kHz/V。

当 V1 有信号输入时,积分电容充电,积分器输出下降,当电压降至触发器的触发电平($<V_{CC}/3V_{CC}$),555 置位,输出高电平,积分电容通过恒流源反向充电;当电容 C2 电压上升到 $(2/3)V_{CC}$ 时,又使 555 复位,积分电容又开始充电,从而形成振荡。因为单稳态电路的充电时间 $t_w=1.1R_9C_3$,选取 R9 为 43 kΩ,C3 为 1 000 pF,确定充电时间约为 0.05 ms。根据所采用的恒流源电路及参数设置以及输入电压与输出频率的关系,可确定恒流源对积分电容反向充电时间,由于积分电路 $U_o=(-U_i/R_1C_1)t$,从而确定 $C_1=0.1\mu F,R_1=20k\Omega$。

(2)分别设置输入 V1 为 1V、5V、10V,用示波器观察输出结果。

【思考题】

(1)电压/频率转换原理是什么?

(2)在图 8.3.2 所示电路中,555 器件的作用是什么?

【实验报告要求】

(1)整理实验数据,设计实验表格。

(2)分析相关实验数据,得出相关电压/频率转换电路的特点和规律。

8.4 温度控制器实验

【实验目的】

(1)实现可测温度和控制温度的电路。

(2)通过对温度控制电路的设计和调试,了解温度传感器的性能,学会在实际电路中的应用。

(3)掌握网上检索器件资料的方法,熟悉利用大规模集成电路设计显示电路的方法。

(4)进一步熟悉集成运算放大器的线性和非线性应用。

【实验器材】

万用表(一块);电压表(一块);双踪示波器(一台);+12V(含±5 V)直流稳压电源(一台);面包板(一块);温度传感器(LM35,一个)、运算放大器 LM741(一片)、电阻和电容(依具体设计决定)、电动机(12V,一个)、三极管 NPN(3DG6,一个)、导线(若干)。

【实验原理】

在蔬菜大棚、计算机主机等内部,一般有一种电路,在当时的环境温度升高到一定程度后内部电扇就开始运转,以通过内部空气流动适当降温。本书实验通过模拟这一场景以实现控制过程。通过对环境温度检测来控制电扇电动机的启动运转。要求:

(1)电路可实现环境温度检测,并实时显示;

(2)温度控制点可人为设置;

(3)环境温度超控制点后,电扇电动机应启动运行;

(4)控制精度不超过1℃。

本实验的温度测量与控制原理框图如图 8.4.1 所示。电路由温度传感器、电压比较器、控制温度设置、数字温度电路(显示)、电动机驱动电路等部件组成。

本书实验采用的环境温度采集器件是 LM35 系列温度传感器。LM35 系列温度传感器是一种精密集成的三端电压输出温度传感器,其输出温度与摄氏度成线性比例,LM35 采用内部补偿,无须外部校准或微调来提供 1/4 的常用室温精度。目前,LM35 系列温度传感器有两种:一种是 LM35DZ,输出为 0 ~

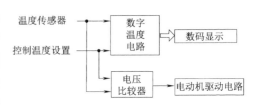

图 8.4.1 温度测量与控制原理框图

100 ℃;另一种是 LM35CZ,输出为 -40 ~ +110 ℃,且精度更高,工作范围为 -45 ~ +150 ℃。电源提供模式有单电源与双电源,单电源模式在 25 ℃下静止电流约 50 μA,工作电压范围较宽,可

在 4~20 V 的供电电压范围内正常工作,非常省电。为降低功耗,本实验采用单电源供电,选用
LM35DZ,其引脚图如图 8.4.2 所示。

图 8.4.2 LM35DZ
引脚图

本书实验温度显示采用的是 TC7107 芯片。该芯片是一个包含 $3\frac{1}{2}$ 位
数字双积型的 A/D 转换器,其中集成了 A/D 转换器的模拟电路部分,包含
了缓冲器、积分器、电压比较器、正负电压参考源和模拟开关等,数字电路部
分包含了振荡源、计数器、锁存器、译码器、驱动器和控制逻辑电路等,使用
时只需外接少量的电阻、电容元件和显示器件,就可以完成模拟量到数字量的转换,从而满足设
计要求。这一芯片应用非常广泛,可直接驱动 LCD 或 LED 数码管,内部设有参考电压、独立模拟
开关、逻辑控制、显示驱动、自动调零功能等,典型参考电路如图 8.4.3 所示。具体资料可上网进
行检索。

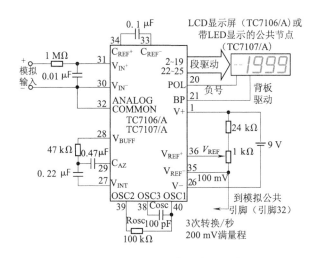

图 8.4.3 TC7107 典型应用电路

【实验内容】

1. 温度采集电路

如图 8.4.4 所示,该电路部分直接采用 LM35 三端电压输出传感
器,1 引脚接电源,3 引脚接地,2 引脚为信号输出引脚。输出信号与摄
氏温标成线性关系,0 ℃ 输出为 0 V,每升高 1 ℃,输出电压增加 10 mV。

2. 数字温度显示电路

本书实验采用的数字温度显示电路以 TC7107 为主控芯片。以该
芯片典型电路为参考,设计应用电路如图 8.4.5 所示。其中的 31、30
引脚为传感器模拟信号输入端,2~19、22~25 引脚为显示驱动接口,
可用来驱动 LCD 或 LED 显示部件。35、36 引脚提供 A/D 转换的参考
电压,可作为输入温度与显示的校正端,为此电路中的 RV1 可作为温
度校正用。

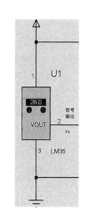

图 8.4.4 温度采集电路

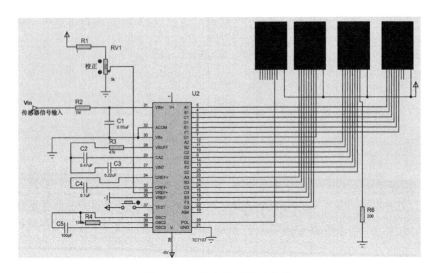

图 8.4.5　数字温度显示电路

3.温度控制预设置与电压比较电路

这部分电路见图 8.4.6,由 R7、RV2 和 U3 组成。R7 和 RV2 构成的温度控制预设置电路,
RV2 为预设温度旋钮。来自 RV2 的分压信号,一路送到电压比较器 U3 作为比较信号,另一路通
过图 8.4.5 中的 R2 送到 TC7107 的 31 引脚,与 30 引脚参考信号比较,以供显示预设温度之用,
温度预设完成后断开这一路信号。当来自环境温度的实测信号 $V_\text{实}$ 与预设信号 $V_\text{预}$ 均送入运算放
大器 U3 时,两信号的比较就决定了电动机的驱动(见图 8.4.6)。当 $V_\text{实} > V_\text{预}$ 时,电动机运转;反
之,电动机停止。

4.电动机驱动电路

如图 8.4.7 所示,电动机驱动电路是一个简单的射极跟随电路,R8 是一个限流电阻。来自
图 8.4.6 中 U3 输出的开关信号通过 R9 输入 NPN 型功率三极管基极,发射极输出电流用来控制
直流电动机,当输入的信号为高电平时,电动机运转;低电平时,电动机停止。

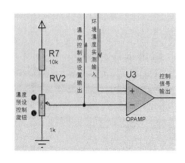

图 8.4.6　温度控制预设置电路

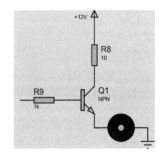

图 8.4.7　电动机驱动电路

完整的设计电路如图 8.4.8 所示。图中双向转换开关 K 是用来利用 TC7107 芯片对预设
温度和实测温度进行转换的。系统正确工作前,先需对系统中传感器温度与显示温度进行校
正,将开关 K 打到"监控"端,调整 RV1,使数码管显示的温度数值在误差范围内,与传感器的

温度一致。然后将开关 K 打到温度"设置"端,调整 RV2,设置需要受控的温度控制点(数码管显示),再次将开关 K 打回"监控"端。仿真时,可调整 LM35 传感器上的"↑↓",观察电动机运转情况。

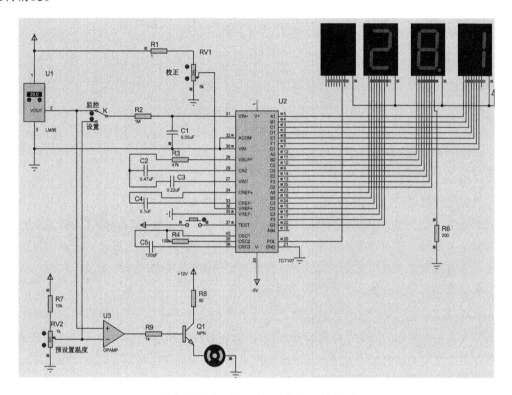

图 8.4.8　温度控制器完整的设计电路

【思考题】

(1)图 8.4.8 中,U3 的作用是什么? RV1、RV2 各起什么作用? 怎样调整?

(2)在图 8.4.8 所示电路中,LM35 与 TC7107 器件的作用分别是什么?

【实验报告要求】

(1)整理实验数据,设计实验表格。

(2)分析相关实验数据,通过调整预设温度点,找出温度控制规律和特点。

8.5　光电检测控制

【实验目的】

(1)了解并掌握光敏电阻的基本特性。

(2)测出光敏电阻的伏安特性,并绘制伏安特性曲线。

(3)测出光敏电阻的光照特性,并绘制光照特性曲线。

【实验器材】

数字电压表(一块);万用表(一块);直流稳压电压源(一台);光敏电阻元件、电阻元件、导线(若干)。

【实验原理】

光敏传感器是将光信号转换为电信号的传感器,又称光电式传感器。它可用于检测直接引起光强度变化的非电量,如光强、光照度、辐射测温、气体成分分析等;也可用来检测能转换成光量变化的其他非电量,如零件直径、表面粗糙度、位移、速度、加速度及物体形状、工作状态识别等。光敏传感器具有非接触、响应快、性能可靠等特点,因而在工业自动控制及智能机器人中得到广泛应用。

1.光敏电阻的伏安特性

光敏传感器在一定的入射光强照度下,光敏元件的电流 I 与所加电压 U 之间的关系称为光敏器件的伏安特性。改变光照度则可以得到一组伏安特性曲线,它是光敏传感器应用设计时选择电参数的重要依据。某种光敏电阻的伏安特性曲线如图8.5.1所示。

2.光敏电阻的光照特性

光敏传感器的光谱灵敏度与入射光强之间的关系称为光照特性,有时光敏传感器的输出电压或电流与入射光强之间的关系也称为光照特性,它也是光敏传感器应用设计时选择参数的重要依据之一。某种光敏电阻的光照特性曲线如图8.5.2所示。

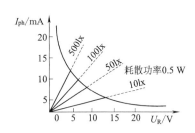

图8.5.1 某种光敏电阻的伏安特性曲线

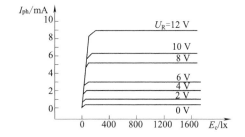

图8.5.2 某种光敏电阻的光照特性曲线

从光敏电阻的光照特性可以看出光敏电阻的光照特性呈非线性,一般不适合作为线性检测元件。

【实验内容】

实验中对应的光照强度均为相对光强,可以通过改变点光源电压或改变点光源到各光敏传感器之间的距离来调节相对光强。点光源电压的调节范围为0~12 V,点光源到各光敏传感器之间的距离调节范围为5~230 mm。

1.光敏电阻伏安特性实验

(1)按图8.5.3接好实验电路,将光源用的钨丝灯盒、检测用的光敏电阻盒、电阻盒置于暗箱九孔插板中,电源由直流恒压源提供,点光源电压为 0 ~ 12 V(可调)。

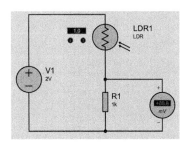

图 8.5.3　光敏电阻特性测试仿真电路

(2)通过改变点光源电压以提供一定的光强,每次在一定的光照条件下,测出加在光敏电阻上电压 U 为 +2 V、+4 V、+6 V、+8 V、+10 V 时 5 个光电流数据,即

$$I_{\text{ph}} = \frac{U_{\text{R}}}{1.00 \text{ k}\Omega}$$

同时计算此时光敏电阻的阻值

$$R_{\text{p}} = \frac{U - U_{\text{R}}}{I_{\text{ph}}}$$

然后逐步增加相对光强,重复上述实验,进行 5 ~ 6 次不同光强实验数据测量。

(3)将实验数据记入表 8.5.1 中,并根据实验数据画出光敏电阻的一组伏安特性曲线。

表 8.5.1　光敏电阻电流 – 电压数据表

点光源电压	U_{R}/V	I_{ph}/mA	R_{p}/Ω
2 V			
4 V			
6 V			
8 V			
10 V			
12 V			

2. 光敏电阻的光照强度特性实验

(1)实验电路见图 8.5.3,从 $U = 0$ 开始到 $U = 12$ V,测出在一定光照强度下的光电流数据,即

$$I_{\text{ph}} = \frac{U_{\text{R}}}{1.00\text{k}\Omega}$$

(2)将实验数据记入表 8.5.2 中,并根据实验数据画出光敏电阻的一组光照特性曲线。

表 8.5.2 光敏电阻光照强度－光电流数据表

光电流/mA 工作电压/V 光照强度/lx	2	4	6	8	10
400					
800					
1 200					
1 600					

【思考题】

(1)光敏传感器感应光照有一个滞后时间,即光敏传感器的响应时间。如何测量光敏传感器的响应时间?

(2)根据光照强度与距离的关系,单光源与多光源测量时有何不同?

【实验报告要求】

(1)整理实验数据,认真填写表格。

(2)分析相关实验数据,找出光照强度与距离的关系。

8.6 数字电子钟设计

【实验目的】

(1)掌握组合逻辑电路、时序逻辑电路及数字逻辑电路系统的设计、安装、测试方法。

(2)提高电路整体布局、布线及检查和排除故障的能力。

(3)培养书写综合实验报告的能力。

【实验器件】

七段 DCD－HEX 数码显示器(六个);74LS90 计数器(六个);石英晶体 R145－32.768kHz(一个);4060BD 芯片(一片);双位 D 触发器(一片);电阻(15MΩ,一个;20Ω,一个;15Ω,两个);电容(10 pF,一个);开关(两个);蜂鸣器(一个);直流电源(四个);面包板(两块);导线(若干)。

【实验原理】

数字电子钟整体组成框图如图 8.6.1 所示,图中晶体振荡电路由石英晶体 k14.5－32.768kHz及集成芯片 CD4060 构成;4060BD 芯片及 D 触发器构成分频器;计数器由二－五－十进制计数器 74LS90 芯片构成;DCD_HEX 数码显示器为七段数码显示器且本身带有译码器;校时电路和报时电路用门电路构成。

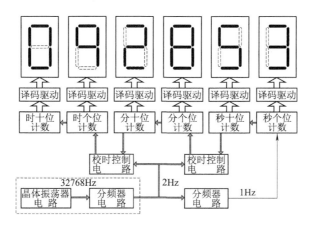

图 8.6.1 数字电子钟整体组成框图

数字电子钟整体电路总图如图 8.6.2 所示。该电路由振荡电路、分频器、计数器、译码器、显示器、校时电路和报时电路组成。其中振荡电路由石英晶体(R145 – 32.768 kHz)和分频器构成,该振荡电路产生的信号作为秒脉冲送入计数器。计数结果通过"时""分""秒"译码器显示时间。校时电路是用与非门构成的组合逻辑电路,在对"时"个位校时时不影响"分"和"秒"的正常计数;在对"分"个位校时时不影响"时"和"秒"的正常计数。报时电路是由四输入与非门和二输入与非门构成的组合逻辑电路,当计时到 59 分 51、53、55、57、59 秒时,蜂鸣器都发声报时,59 秒时最响。

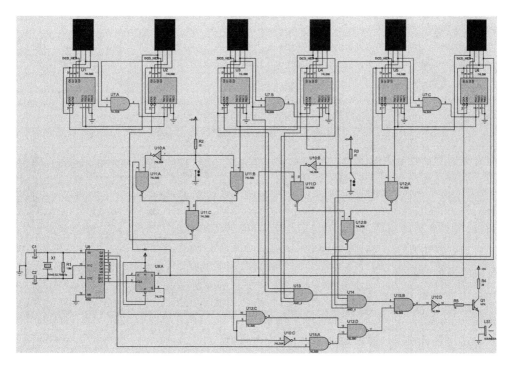

图 8.6.2 数字电子钟整体电路总图

【实验内容】

1. 十进制计数电路的设计

74LS90 集成芯片是二 - 五 - 十进制计数器，所以将 CKB 与 Q0 相连；R0(1)、R0(2)、R9(1)、R9(2)接地(低电平)；CKA 作为脉冲输入；Q0、Q1、Q2、Q3 作为输出就可构成十进制计数器。接线图如图 8.6.3 所示。

2. 六进制计数电路的设计

仍使用 74LS90 集成芯片，采用反馈清零法：将 CKB 接 Q0；Q1 接 R0(1)；Q2 接 R0(2)；R9(1)、R9(2)接地(低电平)；CKA 作为脉冲输入；Q0、Q1、Q2、Q3 作为输出就可构成六进制计数器。接线图如图 8.6.4 所示。

3. 二十四进制计数电路的设计

在使用 74LS90 集成芯片时，仍用反馈清零法构成：个位"4"对应"0100"，十位"2"对应"0010"，所以将 U2 的 Q3 接 U15 的 CKA 进行级联，U1 的 Q1(对应"0010")和 U2 的 Q2(对应"0100")通过与门控制 U1 和 U2 的 R0(1)、R0(2)达到计数满后清零。接线图如图 8.6.5 所示。

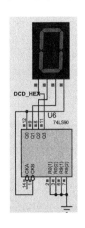

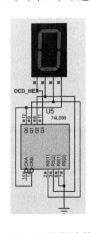
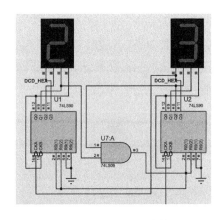

图 8.6.3　十进制计数电路　　图 8.6.4　六进制计数电路　　图 8.6.5　二十四进制计数电路

4. 六十进制计数电路的设计

六十进制计数器的个位是十进制，十位是六进制。所以用两片 74LS90 集成芯片分别接成十进制和六进制计数器，将十进制计数器的 Q2 接六进制的 CKA 即可构成六十进制计数器。接线图如图 8.6.6 所示。

5. 时间计数电路的设计

用六片 74LS90 构成的两个六十进制和二十四进制计数器。将"秒位"六十进制计数器十位的 Q3 接"分位"六十进制计数器个位的 CKA，"分位"六十进制计数器十位的 Q3 接"时位"二十四进制计数器个位的 CKA 即可构成时间计数电路。显示器接各计数器的输

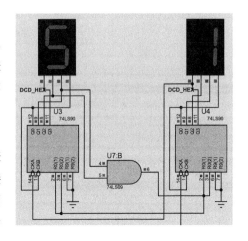

图 8.6.6　六十进制计数电路

出 Q3、Q2、Q1、Q0;经 4 – 8 译码器(小数点位未用)输出 QA、QB、QC、QD、QE、QF、QG 接七段数码显示器的 a、b、c、d、e、f、g。接线图如图 8.6.7 所示。

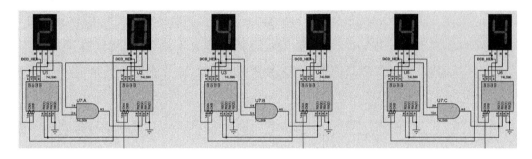

图 8.6.7　时间计数电路

6. 时钟电路的设计

用石英晶体(R145 – 32.768 kHz)构成振荡器如图 8.6.8 所示。时间计数电路需要秒脉冲信号,分频电路采用 4060BD – 14 分频,所以振荡器输出频率为 2 Hz,再由双位 D 触发器分频得 1 Hz 的脉冲信号。接线图如图 8.6.8 所示。

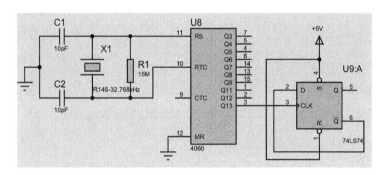

图 8.6.8　时钟电路

7. 校时电路的设计

当开关闭合时,分或时自动校准。接线图如图 8.6.9 所示。

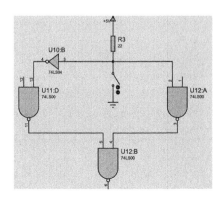

图 8.6.9　校时电路

8. 整点报时电路的设计

四输入与门集成芯片 U13 的上两引脚接"分"十位计数器的 Q0、Q2；下两引脚接"分"个位计数器的 Q0、Q3；U14 的中间两引脚接"秒"十位 Q0、Q2，最下端的引脚接"秒"个位 Q0，U12:C 上端接分频器 U8 的 Q4，U12:C 与 U10:C 之间接"秒"的个位 Q3，U15:A 下端接分频器 U8 的 Q5。这样就会在 59 分 51、53、55、57、59 秒的时候 U12 D 输出高电平，蜂鸣器发声。接线图如图 8.6.10 所示。

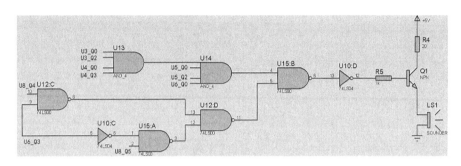

图 8.6.10 整点报时电路

【思考题】

(1)电子时钟电路中的振荡电路是怎样完成 1 Hz 基准计数设计的？

(2)六十进制、二十四进制设计上有何不同？

【实验报告要求】

(1)电子在完整设计数字时钟电路基础上，分析各电路详细功能。

(2)将实验所得数据和问题详细记入报告中。

附录 A　常用图形符号对照表

常用图形符号对照表见表 A.1。

国家标准图形符号	软件中的一般画法

续表

国家标准图形符号	软件中的一般画法